手绘自然图鉴

花草也有小秘密

〔日〕稻垣荣洋 著

〔日〕日高直人 绘

宋 刚 译

中国纺织出版社有限公司

序言

"与其'了解',不如'感受'。"

蕾切尔·卡森在《万物皆奇迹》(*The Sense of Wonder*)一书中如是写道。

和孩子一起散步时,你能看到花团锦簇、绿草如茵,也能听到虫鸣阵阵、鸟语婉转。

"不了解植物""对植物不感兴趣"……

如果你还在因为这样的理由而犹豫要不要带孩子外出散步,那可真就错失了大好良机。

我曾有一件非常后悔的事。

"快快快,看我发现了什么!"

我的孩子一边说着,一边手拿一个奇形怪状的东西走了过来。我看了看,就回答道:"就这个啊,这是螟蛉悬茧姬蜂结的茧。"

他一听,刚刚的笑容瞬间消失不见,一脸无聊地走开了。

我说的话本身没错,但这并不是最合适的答案。

我应该说什么呢?换做是你,你会怎么说呢?

孩子们也是生活在大自然中的生物。

他们会在阳光的照耀下，在自然中感知形色各异的事物，吸收多姿多彩的内容。他们会从中收获惊喜与感动，并因此而成长。

《万物皆奇迹》中写道：

"如果把孩子们遇到的每一种现实事物比喻成终将萌发出知识和智慧的种子，那么各种各样的情感和丰富的感受力就是培育这些种子的肥沃土壤。而稚嫩的童年，就是耕种这片土壤的最好时机。"

你不必了解植物，也不必对植物感兴趣。你只需要和孩子们一起出门散步，和孩子们一起嬉戏玩闹，和孩子们共同欢笑，和孩子们一同放松身心。

这本书，为此而写。

目录

在比较中
诞生的"鬼"

稻槎菜

"隔壁家的孩子就能做到，为什么你不能？"

这样训斥完孩子一番后，也有家长会追悔莫及。我们都知道拿自家孩子和别人家孩子相比是不对的，但还是经常会下意识地这么做。可是，被比较的孩子会有什么感受呢？

有些可怜的小野花也像孩子一样会被拿来比较，比如稻槎菜。稻槎菜是"春之七草"之一，又被叫作佛座。在日本，人们还叫它小鬼田平子。

可是，这种野草明明头顶着漂亮小花，为什么人们还会在它名字里加上"鬼"呢？

其实，稻槎菜最初的日语名是田平子，因为它生长在稻田中，小叶子总是平平地舒展开来。这个可爱的名字也很符合这种沐浴着阳光盛开在稻田中的小花的形象。

而在稻田外的野地里，还有一种体形更大的大个儿田平子。虽然它的花朵也很小巧漂亮，但体形要比稻田中的田平子高大威武得多。人们觉得它就像传说中的鬼怪一样巨大，于是叫它鬼田平子。就这样，野地里的大个儿田平子居然得了这么个奇怪的名字，真是不幸呢！

体形硕大的鬼田平子随处可见，相比而言，在稻田里静静绽放的田平子就没有什么存在感。因此，不知从何时开始，人们把田平子当作鬼田平子家族中一个体形较小的成员，并最终将它命名为小鬼田平子，意为"小号的鬼田平子"。

鬼田平子被拿来和田平子作比较，最终被冠以"鬼"的名号；田平子又被拿来和鬼田平子作比较，最终被当作"小鬼"。这两种小花都很可爱，却因为人们的比较而有了个怪名字。其实，无论是盛放在田野中的鬼田平子，还是摇曳于稻田中的小鬼田平子，都是极富魅力的小野花，各有各的可爱之处，本就不该被拿来作比较。

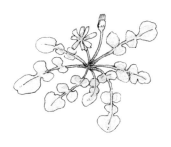

这种植物
就是
稻槎菜

花朵是不是很像蒲公英？
它是一种合瓣花，
其实也是蒲公英的亲戚哦。

因为叶子很像佛像的莲花底
座，所以也被称为佛座。

黄鹌菜（鬼田平子）

稻槎菜（小鬼田平子）

稻槎菜的同科植物黄鹌菜经常能在空地和路边看到，大的高达1m左右，但路边常见的却是高20~30cm的。黄鹌菜属于菊科，仔细观察就能发现它的花朵非常可爱。虽然很可爱，但也有人拿它跟其他花作比较，称它为鬼田平子。

常见程度：	★ ★ ☆
中文名：	稻槎菜
英文名：	nipplewort
别名：	佛座、禾稿草、黄瓜菜
花期：	春~秋
花语：	纯洁的爱情、思念

春之七草

　　有一首民谣唱道："水芹、荠菜、鼠曲草、繁缕、佛座、芜菁、萝卜，是为七草"。七草粥起源于汉代，梁代学者宗懔在《荆楚岁时记》记载道："正月七日为人日。以七种菜为羹；剪彩为人，或镂金薄为人，以贴屏风，亦戴之头鬓；又造华胜以相遗。"正月里，人们用早春代表蓬勃生长力的七种时鲜蔬菜熬制七草粥，祈福来年有崭新的开始，全家健康。现今正月吃七草粥的习俗在福建、广东、台湾等地仍有人遵循，以潮汕地区保存较为完好。

芜菁

佛座

繁缕

萝卜

鼠曲草

水芹

荠菜

七草粥

VIOLA MANDSHURICA

种子的旅行

东北堇菜

野花们会用各种各样的方式将自己的种子送往远方——蒲公英的种子借助柔毛高高飞起去往他乡，苍耳那带刺的小果子会粘在人们的衣服上开始自己的旅程，东北堇菜会翘起成熟的果实将种子弹飞……就这样，植物们的种子通向了一片片崭新的天地。

可能你会想问，为什么植物们想尽办法也要把种子送去远方呢？

其中一大原因是为了传播。种子越飞越远，植物的栖息范围就会越来越大，整个大家族就会茁壮成长、欣欣向荣。不过，并非所有远行的种子都能去到一片舒适的土地平安长大。那为什么植物们还是要让自己的种子踏上旅途呢？

其实，这背后还有一个重要原因。那就是植物妈妈想让孩子们尽可能地远离自己。

如果种子们落在自己的妈妈身边，妈妈反而会成为它们成长的最大阻碍。妈妈的枝叶越是繁茂，就越会遮挡住阳光。没有了阳光，好不容易萌发出嫩芽的孩子们就无法茁壮生长。

此外，个头硕大的植物妈妈会与孩子们争夺水分和养分，妈妈分泌的化学物质还会抑制嫩芽的生长。如果共处时间过长，植物妈妈就会伤害到自己的孩子，真是一件让人难过的事啊。

正因如此，植物们才会想把自己的孩子送到另一片陌生的土地上，让它们远离自己。正如有句俗语说道："爱孩子，就要让孩子出门去旅行。"意思是爱孩子，就要让孩子去外面的世界接受磨炼、经历风雨，这样孩子才会有所成长。

如果一直赖在父母身边，花儿就永远无法绽放。野花们深明此理，知道让父母和孩子分离开来是何等重要，所以才会想尽办法将自己的种子送去远方。

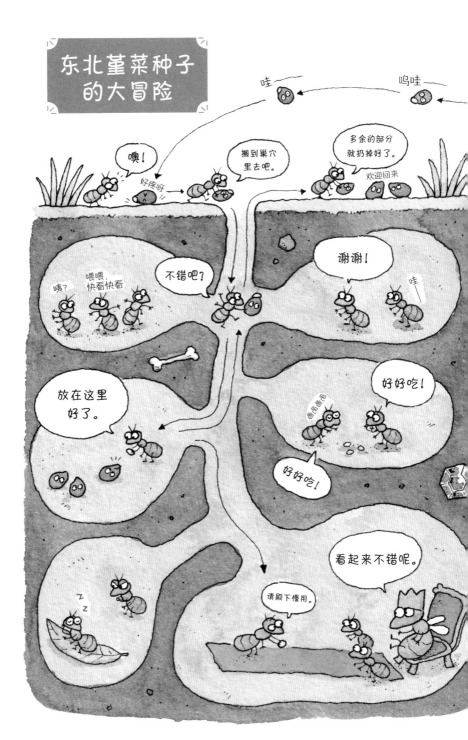

种子会弹飞出去

种子上的白色部分❶
是给蚂蚁准备的酬劳。

被弹飞出去落在另一片
土地后，东北堇菜种子上的
白色部分就会吸引当地的蚂
蚁前来。蚂蚁会把种子搬到
自己的巢穴里，吃掉上面的
白色部分后再将剩余部分丢
在巢穴外。这样一来，东北
堇菜的种子便借助蚂蚁完成
了自己的旅程。在城市里，
蚂蚁们常常将东北堇菜的种
子丢在土路的缺口处或石墙
的缝隙里，所以人们经常会
在这些地方发现东北堇菜。

城市里有很
多东北堇菜。

常见程度：	★ ★ ☆
中文名：	东北堇菜
英文名：	violet
别名：	白花东北堇菜
花期：	春
花语：	小小的爱

❶ 典型蚁播植物种子上富含糖分、各种氨基酸和脂肪酸的附属物，称为油质体。

19

XANTHIUM STRUMARIUM

不相像的
兄弟

苍耳

有很多兄弟姐妹虽然血脉相连，但性格截然不同。比如我家就有两个孩子，哥哥认真勤恳、踏实可靠，而妹妹开朗豁达、天真烂漫。

明明成长环境一模一样，为什么他们的性格会有如此大的差异？大家身边有没有类似的例子呢？

说到不相像的兄弟，"黏黏虫"苍耳就是一个典型的例子。

孩子们常常会将苍耳的果实拿来玩，或是把这满身是刺的小果子互相扔来扔去，或是粘在衣服上拼成各种各样的图案。

大家都对苍耳不陌生，但应该很少有人会把苍耳切开并观察它的内部吧？

苍耳的果实中有两颗细长的种子，它们虽紧紧相依但性格迥异。较大的那颗是哥哥，性急的哥哥会率先发芽；较小的那颗是弟弟，悠闲的弟弟会晚一些再发芽。明明生活在同一粒果实里，为什么性格如此不同呢？

苍耳的果实会粘在人的衣服或动物的毛发上，借此前往另一片陌生的土地。但什么时候发芽才能更好地在陌生的环境中生存呢？其实它们自己也不知道。因此，它们准备了两套方案——既有早早发芽的种子，也有稍晚发芽的种子。

这两类种子性格迥异，但并没有优劣之分。对于苍耳来说，种子的性格越是多种多样就越好。

　　我们希望所有的孩子都能够在成长过程中保留丰富的个性，想必苍耳对果实也抱有同样的期望吧。

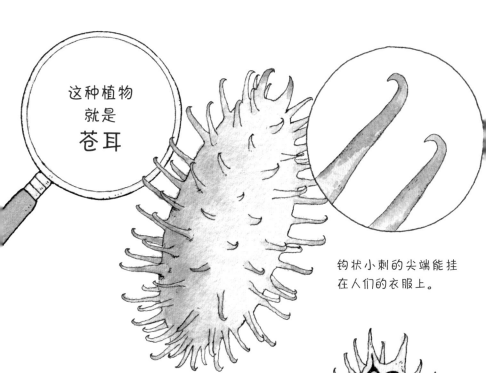

这种植物
就是
苍耳

钩状小刺的尖端能挂
在人们的衣服上。

花朵看起来平平无奇？
其实它和波斯菊、向日葵
一样，都属于菊科植物……

果实内部断面图：
内部有两个大小不
一的种子。

苍耳的花是绿色的，不怎么起眼。说是花，但
看起来更像是果实。因为苍耳不需要吸引昆虫来采
粉，它的花粉会随风飘散，所以没必要在花儿的形
态上费心费力。这种花是怎么变成满身带刺的果实
的呢？一起来观察一下吧！

常见程度：	★ ★ ★
中文名：	苍耳
英文名：	common cocklebur
别名：	苍耳子、粘头婆
花期：	夏~秋
花语：	固执、粗暴、懒惰

植物的小刺也是某种发明的灵感来源

  苍耳是一种典型的"黏黏虫"。它的玩法多种多样，既可以互相扔来扔去，又可以粘在衣服上拼成图案。此外，还可以把几个苍耳粘在一起又扯开，再粘在一起再扯开，循环往复地玩。其实，苍耳的这种特性也是某项广为人知的发明的灵感来源。你能猜出它是什么吗？一位瑞士发明家从和苍耳构造相同的牛蒡种子处得到灵感，发明了尼龙粘扣（魔术贴）。

扔来扔去

拼成图案

过度抚摸就会
停止生长

早熟禾

高尔夫球场的草坪总是会修剪得整整齐齐，尤其是位于球场尽头钻洞放球的果岭，总是一片干净整洁。为了使草坪保持美观，人们需要反复对其进行修剪。一般来说，果岭的草坪高度仅为5毫米。

　　然而，果岭上却生长着一种名为早熟禾的杂草。早熟禾原本会长到20多厘米高，但在果岭上却始终很矮小，并直接长出穗子。

　　当植物受到外物阻碍时，就会停止生长，而不是向外物发起挑战。同理，因为高尔夫球场一直会有人修剪，早熟禾持续受到刺激，所以选择了停止生长。奇怪的是，如果把高尔夫球场上的早熟禾结出的种子拿到其他地方培育，它们仍然长不大。因为这种早熟禾长期处于不利于生长的环境中，所以再也无法茁壮成长了。

　　除了果岭，高尔夫球场还有球道、长草区等修剪高度各不相同的区域。把这些区域中的早熟禾结出的种子拿到其他地方培育，它们都会在长到固定的修剪高度时开始结穗。如遇阻碍，停止生长——这就是早熟禾的生存策略。

　　在其他种类的植物身上我们也可以发现类似的现象。

　　如果你经常抚摸一盆花，它就会长得更加小巧可爱且紧凑。对于植物来说，被抚摸是一种类似修剪的阻碍性刺激。因此，抚摸会带给植物压力，使其停止生长。植物本身就具备生长的能力，我们自以为在悉心照顾它们，反而是在阻碍它们的生长。

　　大家想要如何培育一盆花呢？

这种植物就是
早熟禾

结出的小穗就好像麻雀穿的和服。

早熟禾在日本被叫作雀帷子，帷子就是和服的意思。

因为没有花瓣所以很不起眼，但它的花既有雄蕊又有雌蕊。

早熟禾随处生长，四季结穗，却无人问津，是典型的"无名杂草"。可即便是这般不起眼的小杂草，也有人将它的小穗比喻为麻雀穿的和服，可见过去的人们有何等敏锐的观察力。

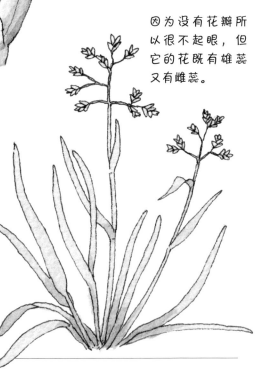

常见程度：	★★★
中文名：	早熟禾
英文名：	annual bluegrass
别名：	爬地早熟禾
花期：	夏~秋
花语：	不要踩我

名字里有"鸟"的花花草草

除了早熟禾，还有其他花草的日语名字里也有"鸟"。有一种大小介于乌野豌豆（"乌"意为乌鸦）和雀野豌豆之间的植物，你知道它在日本叫做什么吗？答案是"乌雀间草"（四籽野豌豆），意思是大小介于乌野豌豆和雀野豌豆之间的草，并不含某种新的鸟类名称。不知道当时是不是没想起来哪种鸟的名字合适，所以才取了这样一个名字呢……

长得像古代领主所持的毛枪，所以被叫作雀枪（地杨梅）。

穗非常笔直，像枪械一样，所以被叫作雀铁炮（看麦娘）。

乌麦（野燕麦）的改良品种叫作燕麦。

花朵很像小杜鹃的腹部花纹，所以被叫作杜鹃草（硬毛油点草）。

果实是黑色的，所以被叫作乌野豌豆（窄叶野豌豆）。

比乌鸦更小，所以被叫作雀野豌豆（小巢菜）。

有时也要
躲躲阳光……

酢浆草

阳光是植物生长不可或缺的重要因素，植物之所以会长出茎也是为了获取阳光。

在路边生长的酢浆草会在阳光消失后的夜间下垂并合拢叶片。不过，在本应好好享受阳光的白天，酢浆草的叶片有时也会闭合。

为什么酢浆草要大费周章地合拢叶片，避开这来之不易的阳光呢？虽然植物的生长离不开阳光，但太强的阳光也会给它们带来困扰。植物进行光合作用的能力会随着光照强度的增加而变强，可这一能力也是有极限的。一旦光照强度超过了一定限度，植物进行光合作用的能力就无法再提升。同理，就像我们人类的皮肤会因晒伤而溃烂一样，过强的光照会损害植物的叶片组织。因此，酢浆草会特意把叶片闭合起来躲避阳光。

阳光会带来明亮的光线和温暖，没有了阳光，花草树木就无法生长，走向枯萎死亡。对于孩子来说，父母的爱便如同阳光一般。

但是，太强的阳光不仅不会给花草带来任何好处，还会伤害到趋光的植物。这样看来，父母的爱是不是也会因为"过度"而伤害到孩子们呢？

阳光既不能太弱，也不能太强，否则植物就无法茁壮成长。照顾植物，实际上是一项相当艰巨的任务。

当然，没有阳光，植物就无法生存。当温暖柔和的光线洒下，酢浆草就会把叶子舒展开来。这时，我们就能再次见到它那漂亮的心形叶片。

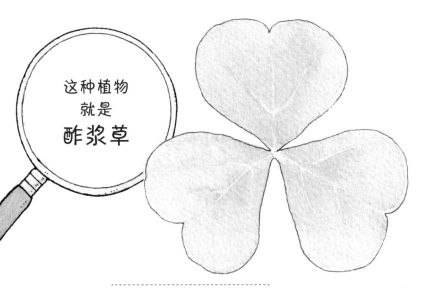

这种植物
就是
酢浆草

叶片是漂亮的心形

犯困的时候看它会觉得它像被吃掉了一半一样。

被用作家族标志的酢浆草。

明明有这么多漂亮的花花草草，居然有人把这种杂草当作家族的标志，真让人大吃一惊！酢浆草是一种麻烦的杂草，哪怕反复拔除，它还是会不断生长。过去的人们虽然深受它的困扰，但也从这种小小的杂草身上找到了力量。

常见程度：★★★	中文名：酢浆草	英文名：sorrel	别名：酸味草、酸三叶
花期：春~秋	花语：闪耀的心、喜悦		

酢浆草的传说

　　酢浆草的叶子含有草酸，因此可以将叶子揉烂后擦拭硬币，硬币就会变得闪闪发亮。过去，酢浆草常被用来擦拭金属和镜子，因而又被称为"黄金草""镜草"。

　　传说，如果用酢浆草擦拭镜子，镜子里就会映出你爱的人的脸。这是真的吗？其实，酢浆草的花语是"闪耀的心"，因为擦亮镜子后你的心也会闪闪发亮。

玩耍的力量

狗尾草

人们一般会为植物取花语。

有一种植物的花语是"玩耍"，它便是狗尾草。狗尾草是一种无处不在的杂草，虽然它并不会开出传统意义上的花，但杂草也会有自己的花语。

狗尾草因其毛茸茸的穗像狗的尾巴一样而得名。狗尾草的英文名是 foxtail grass，意思是狐尾草。这样看来，虽然不同语言之间的词汇表达有所不同，但大家对狗尾草的印象是差不多的。狗尾草也被叫作"逗猫棒"，因为猫咪很喜欢把摇晃的狗尾草当成玩具玩耍。

孩子们也会玩狗尾草，且狗尾草广受孩子们的欢迎。他们会把毛茸茸的穗当成毛毛虫来玩，还会把它放进小伙伴的衣服里捉弄人。这样看来，"玩耍"这一花语和狗尾草可谓非常贴切。

如果放任不管，孩子们可以永远玩下去。可当家长看见玩耍的孩子们时，往往会大声呵斥加以制止，勒令他们去好好学习。有一句老话说："孩子们的工作就是玩耍"，过去的人们其实很乐于看到孩子们在外面玩耍，过去的孩子们也常常在外面自由自在地嬉戏。但对于现在的孩子们来说，这已经成为了一种奢望。

孩子们不仅会与同伴们玩耍，还常常和动物一起玩闹。他们会嬉戏、模仿，尝试着各种新鲜有趣的事物，从而获得生存所需的智慧。对于孩子们来说，"玩耍"到底意味着什么呢？

玩耍是一个不断尝试和犯错的过程，也是一个不断积累各种经验的过程。动物的幼崽们正是通过玩耍来学习生存智慧，这就是"玩耍的力量"。

孩子们会不厌其烦地向河里扔石头，会仔细观察排成队列的蚂蚁，会心不在焉地走来走去；他们还会"多管闲事"，会搞出各种恶作剧，会突然跑开。一般来说，孩子们着迷和感兴趣的事情对成年人来说价值不大，甚至恰恰都是些会牵绊人的麻烦事。但沉迷玩耍，其实是孩子们在努力获取生存所需信息的表现。

这种植物就是 狗尾草

穗上的毛是附着在哪里的呢?

一般来说, 植物都是种子上附着有毛。但狗尾草是在种子的基部长出了毛, 以此保卫种子不受害虫侵害。

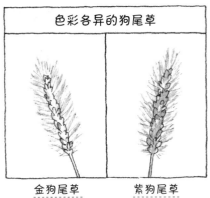

色彩各异的狗尾草

金狗尾草　　　紫狗尾草

植物界的跑车?

在高温天气下, 很多植物都会精疲力竭、蔫头耷脑。但狗尾草还是会精力旺盛, 这是为什么呢?

狗尾草是少有的会在种子基部长毛以保护种子不受害虫侵害的植物。此外, 在高温天气下, 大多数植物都会精疲力竭、蔫头耷脑, 但狗尾草有着一种名为C4途径的特殊光合作用机制, 与跑车的涡轮增压发动机类似, 即使在炎热的天气里也能使狗尾草保持活力。

常见程度:	★ ★ ★
中文名:	狗尾草
英文名:	foxtail grass
别名:	莠、谷莠子
花期:	夏~秋
花语:	玩耍、可爱

夹在嘴巴和鼻子之间，可以假装是"小胡子"。

用手握住，狗尾草就会像毛毛虫一样爬出来。

还可以用狗尾草的穗来编兔子。

狗尾草的玩法

手捧狗尾草的穗条，不禁让人想起成年人已经失去的"童年的尾巴"——狗尾草就是这样一种像魔杖一般神奇的小草。或许有人会认为狗尾草除了激发孩子们的玩心之外别无他用，但在很久很久以前，人们通过改良狗尾草培育出了一种庄稼，你知道是什么吗？它就是小米，一种广受欢迎的健康谷物。小米耐高温、耐干燥，可以种植在荒地之上。

36

CYPERUS MICROIRIA

孩子们的
感受性

具芒碎米莎草

具芒碎米莎草通常生长在田野和路边，它在日本被称为"蚊帐吊草"。所谓的"蚊帐"，指挂在床的四面的箱状网，可以防止蚊子进入床内。你看过吉卜力的电影《龙猫》吗？其中就有人们挂着蚊帐睡觉的场景。

　　为什么这种草会被叫作"蚊帐吊草"呢？哪怕你一直盯着这种小草看，估计也找不到答案。

　　孩子们发明了一种把具芒碎米莎草拿来玩的游戏方式。具芒碎米莎草的茎呈三角形，如果两个人分别握住茎的两端，对着端口同时撕扯开来，茎不会断裂而是朝着四周裂开，形成一个四边形。是不是像观看空间类型的魔术一样神奇呢？这个四边形看起来像屋内挂着的蚊帐，"蚊帐吊草"因此得名。

　　这个游戏可不像电子设备上的单机游戏，是不能自己一个人玩的。此外，一起玩耍的两个人还必须要保持节奏一致，否则具芒碎米莎草的茎就会中途断掉。因此，具芒碎米莎草还有一个好听的别名，叫"好朋友草"。如果你和你的小伙伴能够撕出一个漂亮的四边形，那就证明你们是好朋友。

　　"蚊帐吊草"这个名字并不出自植物学家之口，而是来源于孩子们的游戏。

　　有许多植物的名字背后都有一个有趣的故事，比如蒲公英。蒲公英在日语中读作"噔破破"，关于这一名字的来源众说纷纭。但其中最权威的一种说法，还数"鼓声说"。有人认为，这一名字来源于敲鼓的声音"噔嘭嘭"。但蒲公英和鼓声究竟有什么关系呢？

如果把蒲公英的茎的两端都切下来，再在切口上开一条缝，然后浸入水中，切口就会翘起来。过去，孩子们常用一根轴把它穿起来，再做成风车或水车的形状。这种两端翘起的水车形状看上去很像鼓，因此孩子们叫它"噔破破"，最后演变为了正式名称。

孩子们丰富的感受性真是让人叹为观止。

这种植物就是 **具芒碎米莎草**

为什么茎的断面会是三角形呢？
是不是很像铁桥、东京塔……

　　三角形构造具有稳定性，例如东京塔、铁桥和自行车的框架都是三角形构造。圆形的茎因柔软而耐风，三角形的茎则是因坚固而耐风。另外，唇形科等植物的茎呈四棱形，特点是茎的四角都得到了厚角细胞的加固。

常见程度：★ ★ ☆	
中文名：具芒碎米莎草	
英文名：asian flatsedge	
别名：黄颖莎草	
花期：夏~秋	
花语：传统、历史	

可以拿来玩的植物

蒲公英的茎被切断时，会流出一种白色汁液。同样地，与蒲公英相似的菊科植物的茎被切断时也会分泌出类似的白色汁液。因此，日本在过去将这些植物称为"乳草"。有一种叫作莴苣的蔬菜也是菊科植物，用刀切开莴苣的茎时会有白色汁液流出，这种汁液尝起来很苦。其实，排出白色汁液是植物抵御病原体的自我保护方式。为了避免产生苦味，人们一般不会用刀切莴苣，而是直接用手撕。

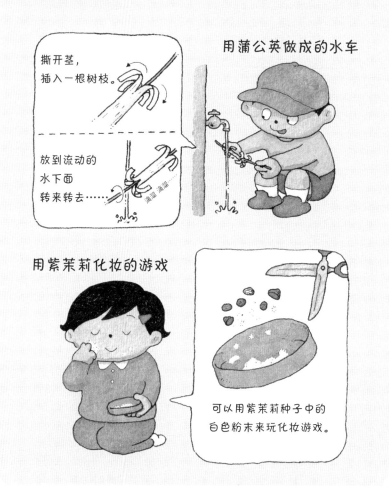

撕开茎，
插入一根树枝。

放到流动的
水下面
转来转去……

用蒲公英做成的水车

用紫茉莉化妆的游戏

可以用紫茉莉种子中的
白色粉末来玩化妆游戏。

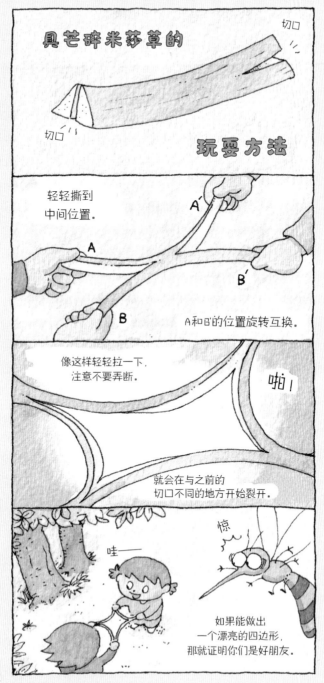

黄昏时分的剧目

待宵草

* 在黄昏时分的夜色中，谁会露出大眼睛？答案在第 47 页。

有时，家里的小宝宝偏偏会在大人忙着做晚饭时无缘无故地开始哭闹，人们管这叫"黄昏闹"。明明宝宝不饿，尿布也还好好的，为什么不管怎么安抚就是哭个不停呢？很多人为之烦恼不已。

"黄昏闹"的具体原因尚不明晰，但你可以试着把宝宝抱到外面去看看。

黄昏时分，外面的景色会在短时间内发生动态变化。风会突然变得凉爽起来，夏天聒噪的蝉声会静下来，很快就能听见夜晚的虫鸣。鸟儿会飞回森林，天空的颜色瞬息万变。

我家孩子在3岁时这样形容黄昏：

"黄昏嘛，就是天空变成红色，然后云变成黑色。最后天空又变成白色，接着又会黑下来，这就到了晚上啦。"

为什么天空在黄昏与夜晚的交替时分会变成白色呢？孩子的描述让我百思不得其解。

然而，当我真真切切看到黄昏的天空时，一切都真相大白了。黄昏时分的天空就像一道大彩虹，既有红色、紫色，又有黄色、白色、绿色，各种颜色尽染天空，倏忽间又消失不见。

就在大人们忙忙碌碌的一小段时间里，孩子们感受到了天空这般巨大的变化。之所以会有"黄昏闹"，恐怕也是因为年幼的小宝宝会对白天过渡到黑夜期间的巨大变化感到莫名不安。

夏日的傍晚，待宵草开始绽放，散发出甜美的清香。待宵草的开花速度肉眼可见，十分迅速。方才还是含羞蓓蕾的待宵草陆续绽放出黄色的花朵，宛如点点灯光照亮了渐暗的黄昏。

从黄昏到夜晚，不到半小时的时间内就上演了这样一场壮观的剧目。这时不妨停下忙碌的双手，带着孩子慢慢观赏一番。

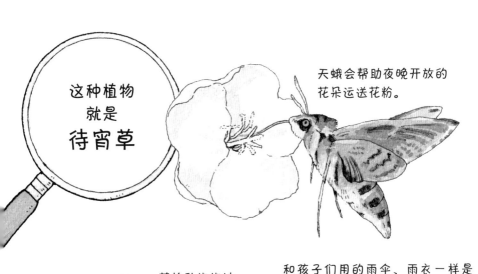

这种植物
就是
待宵草

天蛾会帮助夜晚开放的花朵运送花粉。

花粉黏糊糊地黏在线上。

和孩子们用的雨伞、雨衣一样是荧光色，在灰暗的黑夜里也很醒目。

　　天蛾的身上只要黏上一点点花粉，其他花粉就会顺着线一连串地冒出头来跟着走。这样一来，所有的花粉都可以搭上这班"天蛾车"。为了吸引天蛾，待宵草会散发出像红酒一般强烈的香气。待宵草在黄昏时分盛放，次日清晨就会枯萎，花朵会变成红色。

常见程度：	★ ☆ ☆
中文名：	待宵草
英文名：	evening primrose
别名：	月见草、夜来香、山芝麻
花期：	夏
花语：	隐约的爱、见异思迁、出浴美人

夜晚的剧目

漆黑的夜晚会让孩子们感到恐惧和不安。但与此同时，黑夜也象征着奇特与神秘，在夜晚散步可是一件有趣的事。你可以听到青蛙和昆虫的鸣叫，还可以欣赏到一些在夜晚开嗓的鸟儿的歌声。如果是夏天的夜晚，你还可以观察到蝉的幼虫破茧而出的模样，看到有些植物的叶子和花朵正在沉睡，而有些则在悄悄绽放。在夜间盛开的花朵往往色彩鲜艳，即便是黑暗中也很醒目。

快快长大
成为大人

牛膝

青虫会狼吞虎咽地啃食植物的叶子。不过，植物也不会因此坐以待毙。

植物进化出了许多方法避免被青虫和其他昆虫吃掉，例如很多植物会在叶子中生成含有毒性或能降低食欲的化学物质来抵御昆虫。之所以有一些蔬菜和野生植物会有辣味和苦味，其中一些还可以入药，就是因为植物能够产生多种自保物质。

不过，牛膝这种植物会用与众不同的方式驱赶青虫，它的叶片中含有一种能加速青虫生长的物质。是不是很匪夷所思？为什么它含有加速害虫生长的物质呢？

答案其实很简单。牛膝想要青虫快快长大破茧成蝶，好尽早离开自己的叶片。

乍一看，让青虫迅速长成成虫似乎有利于这些害虫，其实不然。青虫如果在吃不到足够叶子的情况下草草长成成虫，体形只会很小，不利于生存。

体形较大的独角仙和锹形虫很受欢迎，但它们一旦长成成虫，无论你怎么喂食都无法将它们养得更大更壮。要想成为健硕强大的独角仙或锹形虫，就必须在幼虫时期摄入足够的食物。

换句话说，只有那些踏踏实实渡过幼虫期的虫子才能成为强壮的成虫。

　　那我们人类呢？作为家长，我们都很高兴看到自己的孩子长大成人。但你有没有操之过急、拔苗助长的行为呢？如果有，我们不就成了想要赶走害虫的牛膝吗？如果想让自己的孩子成为独当一面的大人，我们就必须给他们一个踏踏实实、从容不迫的童年。

这种植物
就是
牛膝

发卡状结构，
可以紧紧钩住种子。

茎干像牛或野猪的膝盖。

向阳而生。
牛膝既有向阳的品种，
也有喜阴的品种。

　　单纯说"像牛或野猪的膝盖"可能会有些难以理解，只是给人一种粗犷的印象。可如果用手触摸茎干，就会发现牛膝的茎是四边形的。圆形的茎比较柔软，风一吹就会弯曲，以此保护植物免受损伤；而四边形的茎会加强比较薄弱的四个角，从而使植物更加坚实，足以抵御风力。这也就是牛膝的茎会给人粗犷之感的原因。

常见程度：	★ ★ ☆
中文名：	牛膝
英文名：	pig's knee
别名：	牛磕膝、倒扣草
花期：	夏~秋
花语：	直到生命燃尽

有些植物既是毒药又是良药

　　植物不能移动，所以会生成各种自保物质，既帮助自己在恶劣的环境中生存，又保护自己免受病菌和害虫的侵害。对于人类来说，这些物质中有些是威胁生命的毒药，但也有些具备药用价值。俗话说"甲之蜜糖，乙之砒霜"，不仅药草可以入药，一些有毒植物也可以入药。例如牛膝就是广为人知的药草之一，"牛膝"这一味中药药材指的就是牛膝的根部。

从咖啡树中
发现的
咖啡因

提到咖啡因，你或许会想到名为咖啡的饮品。但其实咖啡因广泛存在，茶和可可等广受欢迎的饮品中都富含咖啡因。

番茄的
叶片和茎干中有
番茄碱

番茄碱乍一听好像是个很可爱的名字，但它其实是一种有毒物质。别担心，红彤彤的番茄果实里面并没有番茄碱，可以安心食用哦。

54

BIDENS BITERNATA

黏黏虫的
时代

鬼针草

走过秋天的草地，常常会有许多草籽粘在衣服上。它们就像小虫子一样粘在你的身上，所以又被称为"黏黏虫"或"粘粘虫"。

"黏黏虫"之所以会附着在动物的毛发和人的衣服上，是为了将果实中的种子传播到远方。

它们的附着方式多种多样，有的用钥匙形的刺钩住对方，有的像徽章一样粘住对方，此外还有许多其他方式。

在草地上散步后，人们往往苦恼于如何去除衣服裤子上的这些"黏黏虫"。神奇的是，这些紧紧贴在人们身上的"黏黏虫"其实会在不知不觉中自然脱落。

这是因为"黏黏虫"附着在大家身上就是为了去往一片新的土地，如果永远附着在衣服上，它们便再也无法回到地面生根发芽。它们也因此演化出了一种新的生存机制，这种机制会使"黏黏虫"的附着程度恰到好处，能够在某个时刻自然地飘落下来。鬼针草就是"黏黏虫"中的典型代表，它的种子满身小刺，像极了捕鱼的鱼叉，可以轻轻松松地附着在人们的衣服上。但这些小刺又都很脆弱，过一段时间就会脱落。

其实孩子们也很像"黏黏虫"。哪怕是再黏着父母，甚至黏到烦人的孩子，也终有一天会离开。他们就像"黏黏虫"一样，会在不知不觉间消失，踏上前往新世界的旅途。

　　孩子们对父母的依恋好像"黏黏虫"的附着，只是片刻的短暂时光。所以，至少在他们还喜欢黏着你的时候，就惯着他们吧，带着他们一起走得越远越好。

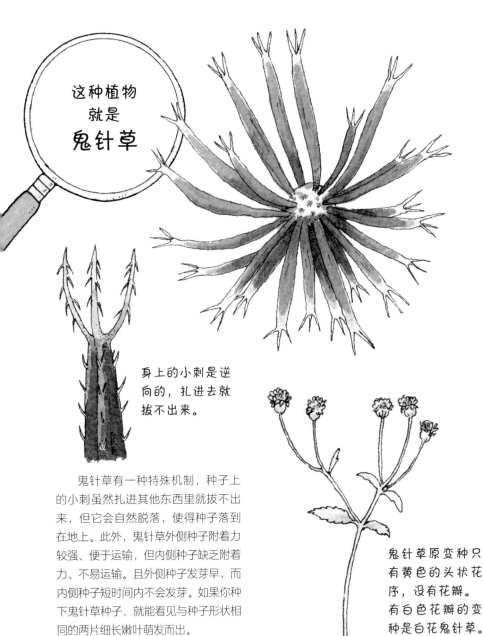

这种植物
就是
鬼针草

身上的小刺是逆
向的，扎进去就
拔不出来。

鬼针草有一种特殊机制，种子上的小刺虽然扎进其他东西里就拔不出来，但它会自然脱落，使得种子落到在地上。此外，鬼针草外侧种子附着力较强、便于运输，但内侧种子缺乏附着力、不易运输。且外侧种子发芽早，而内侧种子短时间内不会发芽。如果你种下鬼针草种子，就能看见与种子形状相同的两片细长嫩叶萌发而出。

鬼针草原变种只
有黄色的头状花
序，没有花瓣。
有白色花瓣的变
种是白花鬼针草。

常见程度：★★★	中文名：鬼针草
英文名：beggar's tick	
别名：粘人草、粘连子、金盏银盘	
花期：秋　花语：不要靠近	

来抓"黏黏虫"吧

　　走过秋天的草地，你会发现衣服上满是草籽和种子。不妨穿上不要的长袜子在草地中穿行，或是戴上专门的手套去抚摸花草，一起来抓这些"黏黏虫"吧！有哪些"黏黏虫"呢？它们是怎么粘在自己身上的？这些"黏黏虫"会附着多久呢？成为一名"黏黏虫猎人"，一起来探索吧！

有着像鱼叉一样的尖刺。

鬼针草

凭借长长的毛来附着。

狼尾草

像夹子一样挂在衣服上。

牛膝

黏糊糊地黏在衣服上。

腺梗豨莶(xī xiān)

像魔术贴一样粘住其他物体。

苍耳

春光下的
柔情

鼠曲草

鼠曲草在日本被叫作母子草。

鼠曲草表面覆盖着柔软的白色绒毛，会让人联想到母亲和孩子之间的温馨和谐。因此，母子草这一名称可以说是非常贴切。

提到母子之情，人们的印象总是崇高而又美好，但其实养育孩子是一项非常艰辛的任务。当孩子的表现不尽如人意时，母亲甚至会大发雷霆。没有人是圣母玛利亚，不可能总是面带微笑。

人们认为，鼠曲草之所以会满身长毛，是为了让昆虫难以对自己下口。将这种细小的绒毛缠在年糕上，会使年糕更具黏性，所以人们在过去常常用它来做青草年糕。在日本，用鼠曲草制作的"母子年糕"曾是祭典的必备食物。但如今，人们认为制作"母子"不吉利，于是不再用鼠曲草，而是改用五月艾来做青草年糕。看来，人们对鼠曲草别有一番感情。

然而，日本并不是一开始就把鼠曲草叫作母子草。有一种说法认为，因为鼠曲草花谢后会长出蓬松的绒毛，所以最初被称为蓬松草，后来才有了母子草这一叫法。

日语里的"蓬松"一词也有"发呆"和"沉浸其中"之意，而"沉浸其中"也意味着"欢欣鼓舞，玩到尽兴"。

在把爱倾注给孩子的同时，母亲也应该爱自己，试着发发呆、出去玩。不妨看看"母子草"吧，沉浸在柔情之中的绒毛们也有离家远行的时候。

这种植物就是 **鼠曲草**

花谢后会长出身着绒毛的果实。

全身上下都覆盖着白色的柔软绒毛。

叶子背面的绒毛尤其多，摸起来软乎乎，看起来很杂乱。

常见程度：★ ★ ☆

中文名：鼠曲草

英文名：jersey cudweed

别名：田艾、清明菜、鼠麴草

花期：春~初夏

花语：无时无刻不在思念，不求回报的爱

　　为什么鼠曲草身上会长柔软的绒毛呢？是为了抵御害虫和病菌侵害吗？是为了防止水分蒸发吗？还是为了保暖呢？人们提出了许多猜想，但目前还没有确切的答案。大自然就是这样，充满着未知与神秘。

鼠曲草是女儿节中用到的植物？

在日本，鼠曲草又被称为"御形"。而"御形"一词在日语中原指人偶，与女儿节密切相关。在女儿节这天，日本人还会赏桃花，品尝菱饼。在中国，早在周朝，人们会在三月初三上巳节这天去水边祭祀，并用香熏的草药沐浴。由于这样的场合会聚集大量青年男女，因此女孩总会盛装出席，由此演变为女儿节。七夕节又称乞巧节，指未婚的女儿祈求心灵手巧，因此也叫女儿节。女性们会在这天进行穿针乞巧、礼拜七姐、祈祷福禄寿等活动。此外，中国还有很多节日被称为女儿节：古代出嫁的女儿回娘家，会选在端午节或者重阳节这一天，故称女儿节；四川广元地区为纪念武则天，将其诞辰定为女儿节……

桃花

御形

菱饼（菱形年糕）

爸爸加油

细叶湿鼠曲草

鼠曲草，会在温暖的春光中绽放。

鼠曲草有一种同类叫细叶湿鼠曲草，在日本称为父子草。父子草这一名字就是根据母子草（鼠曲草）而取的对照名，与母子草鲜艳的黄色花朵相比，父子草低调的紫褐色花朵很难引起人们的注意。而且父子草的茎干很细，看起来有些脆弱。母子草名列"春之七草"，论知名度的话，父子草更是望尘莫及。

植物图鉴这样描述细叶湿鼠曲草——"没有鼠曲草显眼""与鼠曲草相似，但稍显单薄"。看到这样的表述，全世界的父亲们都会难过吧。

此外，过去十分常见的细叶湿鼠曲草近年来却越来越少见，存在感逐渐减弱。与身边随处可见的鼠曲草相比，细叶湿鼠曲草似乎算得上珍稀品种。

日本曾有这样一句古语："地震，雷鸣，火灾，父亲"。大意是指，在过去，父亲在家中的形象非常高大，甚至有些让人生畏，和地震、雷鸣、火灾一样可怕。这样看来，如今的父亲相比过去，似乎失去了些在家庭中的存在感。

而且最近还发生了一些变化。

一种原产于美国的匙叶合冠鼠曲正在迅速蔓延，逐渐取代日本本土的细叶湿鼠曲草。日本将这种匙叶合冠鼠曲命名为拟父子草，"拟"意味着似是而非的模仿之物。

如今，日本的土地上逐渐没有了父子草的身影，只有拟父子草在不断增加。就像现代家庭中逐渐没有了严父，"猫爸"的数量正在迅速增加。

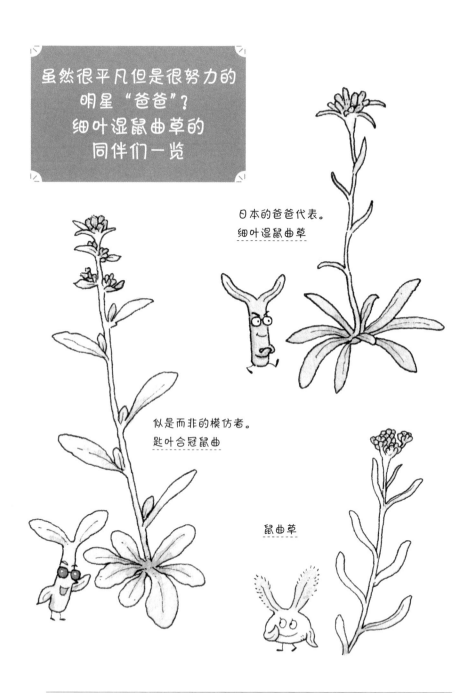

虽然很平凡但是很努力的
明星"爸爸"?
细叶湿鼠曲草的
同伴们一览

日本的爸爸代表。
细叶湿鼠曲草

似是而非的模仿者。
匙叶合冠鼠曲

鼠曲草

常见程度：★☆☆	中文名：细叶湿鼠曲草	英文名：japanese cudweed
别名：细叶鼠曲草	花期：春~秋	花语：父亲的爱

细叶湿鼠曲草很不起眼，但我们还是能在草坪上发现它的身影。

里白合冠鼠曲叶片则很大，非常显眼。它的特点是叶片背面呈纯白色，叶基部呈莲座状分布，只有叶片展开而没有茎干延伸。

合冠鼠曲的叶片很细，不太显眼，但花朵是醒目的红色。

虽然细叶湿鼠曲草的同伴们一般都在茎干的头部开花，但也有例外。被称为拟父子草的匙叶合冠鼠曲的花儿生长范围很广，从叶基部直至茎中部都会开出花来。

叶片背面是白色。
里白合冠鼠曲

花朵是淡红色。
合冠鼠曲

Symphyotrichum Subulatum

孝顺花和
不孝花

钻叶紫菀

有的野花被称作"孝顺花"，相对应地也就有了"不孝花"。

所谓的"孝顺花"，其实是蒲公英在日本的别名。

蒲公英的绒毛底部附着有种子，种子的形状很像酒壶。在过去，孩子们经常会拿蒲公英的白色绒毛来玩。当他们把这些绒毛吹走时，还会大喊着："买油去——买醋去——"换句话说，正因为蒲公英能"帮父母跑腿"，所以被叫作"孝顺花"。

而钻叶紫菀却被称为"不孝花"。

在钻叶紫菀的侧枝上，后开的花往往会比整株上绽放的第一朵花伸得更高。人们把第一朵花比作父母，把后开的花比作孩子，也就是说孩子站在更高的地方耀武扬威，显得父母颜面尽失。所以，钻叶紫菀被称为"不孝花"。

其实钻叶紫菀和蒲公英都是菊科植物，它也会长出绒毛，并借助风力将种子送往远方。

倒霉的钻叶紫菀就这样被贴上了"不孝花"的标签。但仔细想想就会发现，其实后开的花并不是第一朵花的孩子，而是带着种子的另一对父母。钻叶紫菀之所以会将后开的花高高举起，是希望它们能把种子送得更远。同理，当蒲公英要放飞这些小绒毛时，也会努力伸展茎干，好让它们能长得比花儿更高，最终飞向远方。

孩子们也有自己的绒毛，终有一天会飞向高高的天空。作为父母，我们不应满嘴说教，不应一味地在孩子耳边说"你要飞得更高"。无论是"孝顺花"还是"不孝花"，植物父母们其实都只在做一件事——那就是努力地伸长自己的茎干，好帮助孩子们飞得更远。

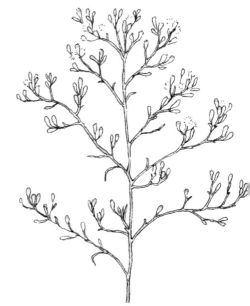

这种植物
就是
钻叶紫菀

钻叶紫菀是紫菀属植物，拉丁语写作 Aster，意为"星星"。虽然花朵很小很不起眼，但仔细观察就会发现它们长得很像星星。

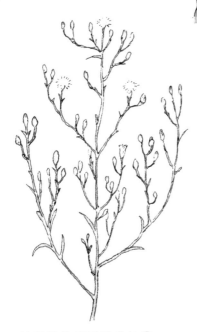

枝条的伸展形状像扫帚。
钻叶紫菀

枝条的伸展方式各不同。
小花钻叶紫菀

人们经常能在空地和路边见到钻叶紫菀的身影。它的枝条形状乱蓬蓬的，看起来很像扫帚，所以在日本被称作帚菊，是典型的不起眼小杂草，但它小小的花朵看起来非常可爱。难怪它会是园艺常用品种紫菀（Aster）家族中的一员呢。

常见程度：	★ ★ ☆
中文名：	钻叶紫菀
英文名：	saltmarsh aster
别名：	瑞连草、九龙箭
花期：	夏~秋
花语：	不惧困难

蒲公英和钻叶紫菀的种子上有绒毛，能像滑翔翼一样飞行。

百合的种子有"翅膀"，可以像滑翔机一样飞行。

槭树的种子具有直升机一样的双翼，可以借此飞行。

欧菱的种子会扒在鸟儿的翅膀上起飞。

在空中飞翔的各类种子

对于不能移动的植物来说，散播种子就是它们见识新天地的绝佳方式。有的种子会乘风而起，有的种子会借助鸟儿的力量起飞。这些种子翱翔在广阔的天空之中，可以去到很远很远的地方。哪怕是摆放在高楼阳台的花盆，也会有杂草的种子不请自来。令人震惊的是，据说某项调查发现一千米的高空上还有正乘着风飞翔的杂草种子。这些小小的种子，经历了一场场怎样的大冒险呢？

一天天成长

王瓜

虽然大家都认为植物是一动不动的，但其实有些植物还是能用肉眼观察到动作的。最广为人知的当数含羞草，只要用手指轻轻一碰，它的叶子就会垂下来。还有蝴蝶草和匍茎通泉草，如果用笔尖戳一下它们雌蕊的顶端，分开的两半雌蕊就会瞬间闭合起来——这其实是它们捕捉花粉的机制。如果用笔尖戳马齿苋花朵的内部，马齿苋就会误以为有昆虫来访，随即合拢所有的雄蕊将花粉附在昆虫身上。

植物的生长速度比我们想象中要快得多。

如果你幼时写过牵牛花观察日记，或许会有这样的经历——明明只是稍微走了下神，牵牛花就一下子变得巨大无比，让人万分惊讶。众所周知，藤本植物的生长速度尤其快。

虽然我们不能用肉眼捕捉植物的生长，但可以观察到王瓜藤的运动。王瓜藤的顶端一旦碰到支柱，不消十分钟就会盘绕在支柱上。

王瓜藤就这样一圈又一圈地绕着，不断生长。

小孩子的成长同样不能用肉眼捕捉，但也比我们想象中要快得多。一年前还是眼睛都没睁开的小婴儿，一年后就能够站立，再过一年就可以跑了。从上幼儿园到成为小学生，孩子们每年都能长高5~10厘米。

这个数字相当惊人。一年有52周，一年长高10厘米意味着平均每周长高2毫米。大人们日复一日、年复一年地过着同样的日子，但孩子们每一天都会发生巨大的变化。

　　今天的孩子肯定比昨天更加强壮，对于孩子们来说，没有任何一天是相同的。这样看来，我也想与我的孩子们分享这无可替代的每一天。

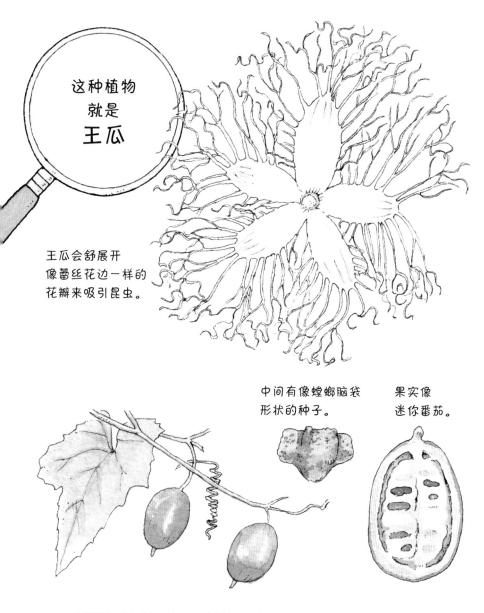

这种植物就是**王瓜**

王瓜会舒展开像蕾丝花边一样的花瓣来吸引昆虫。

中间有像螳螂脑袋形状的种子。

果实像迷你番茄。

王瓜的花朵在夜间盛开，果实鲜红，还被写进了《鲜红的秋天》（真っ赤な秋）一歌中。王瓜的种子像万宝槌，据说把它放进钱包里可以保佑财运。日本把婴儿爽身粉叫天花粉，天花粉在日语中原指从王瓜的近种栝楼的根部取出的白色粉末。

常见程度：	★ ☆ ☆
中文名：	王瓜
英文名：	japanese snake gourd
别名：	钩、蒉姑、土瓜、钩蒌
花期：	夏~秋
花语：	好消息

植物的藤是顺时针生长还是逆时针生长？

　　有的书上写牵牛花的藤是逆时针生长，也有的书上写牵牛花的藤是顺时针生长。其实如果从上往下观察是逆时针，从下往上观察则是顺时针。这就好比你从旋转楼梯由上往下走和由下往上走的方向是相反的。如今，我们一般倾向于按照植物生长的方向来观察，认为牵牛花是逆时针生长。你可以用手握住藤蔓缠绕着的支柱，如果缠绕的方向与右手四指的方向一致，就是逆时针生长；如果与左手四指的方向一致，那么就是顺时针生长。

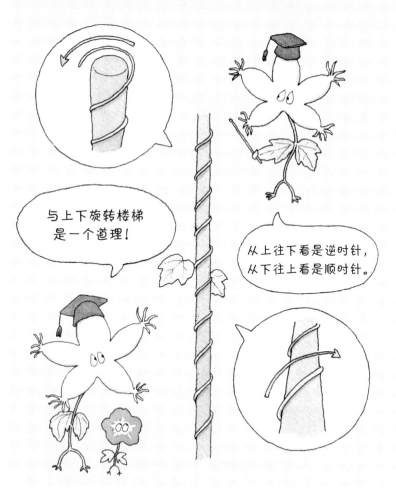

与上下旋转楼梯是一个道理！

从上往下看是逆时针，从下往上看是顺时针。

东看看
西看看

窄叶野豌豆

"为什么就不能集中精力好好学习呢？"

看到孩子注意力不集中时，家长往往会大发雷霆。孩子们对任何事物都充满兴趣，所以有时才会显得心不在焉。但这一定是坏事吗？

人类总把目不转睛专注于一件事当作好习惯，但其实植物的生长就离不开那些"东看看西看看"的游离目光。植物虽然没有真正意义上的眼睛，但它们有腋芽。

植物会在叶片基部形成腋芽，同时努力伸展自己的茎干。大多数腋芽一生都只是一个小芽，并不会长高长大。但正是这些看似无用的小芽肩负着一项重大使命。

植物的茎干如果能顺利地笔直生长，那就不需要腋芽出场。可现实是残忍的，不是所有植物的茎干都能够一帆风顺地长高，其中不少会因一些意外情况而不幸折断。这时，腋芽就会接过重担，开始长成新的茎干。这样一来，整株植物就能够继续成长、延续生命。

如果没有腋芽，植物或许可以长得更快。但真没有腋芽的话，一旦遭遇挫折，整株植物就会因此殒命。正因为植物储备了许多腋芽，哪怕它们经历了一次又一次的折断，也能重新开始生长。

植物要想好好生长，积极发挥腋芽的作用至关重要。

孩子们也会东看看西看看，在各种事情上消耗精力，就像植物花费宝贵的养分来"分心"长出看似无用的腋芽一样，但这其实是他们成长过程中一个暂时的落脚休憩点。成长得太快，反而会"啪"一下猛地折断自己。也许有一天，当他们遭遇挫折或碰壁时，那些"腋芽"就会成长起来，展现出惊人的成果。

这种植物
就是
窄叶野豌豆

熟透的豆荚是黑色的,
豆荚最终会把种子弹飞开来。

花外蜜腺

花朵的基部有花外蜜腺,
会分泌出蜜汁吸引蚂蚁。

　　植物不仅会靠花朵来储存蜜汁哦,窄叶野豌豆的叶片基部就能流出蜜汁。叶片基部的黑色部分就是它的蜜腺。为了守护蜜腺,蚂蚁会把闻香而来的昆虫统统赶走。靠甜美的蜜汁拉拢蚂蚁做战友,保护自己免受害虫侵害,这就是窄叶野豌豆的生存战略。

常见程度: ★★☆　中文名: 窄叶野豌豆　英文名: narrow-leaved vetch
别名: 紫花苕子、闹豆子　花期: 春　花语: 牵绊、小情侣

可以用来"吹笛子"的植物

　　我们身边有很多可以用来"吹笛子"的植物。在日本，窄叶野豌豆又被称作"哔哔豆"。取出豆荚中的豆子，再在蒂部切一个口子，轻轻含住豆荚就可以吹出"哔——哔——"的声音。看麦娘还被称作"哔哔草"，如果你拔出它的穗，再掰下叶子放到唇间吹气，就会发出"哔——哔——"的声音。你还可以剪下蒲公英的茎，压碎其中一端，然后拿来当成笛子吹。试试看你吹得怎么样呢？

窄叶野豌豆

看麦娘

蒲公英

节点的故事

鸭跖草

许多植物的茎干上都有节点，节点与前文提到的腋芽的作用相同。

夏日清晨，鸭跖草会绽放出蓝色的花朵，见之便觉得清凉。可这样一种看似无害的植物，其实是会侵扰田间作物的烦人杂草。哪怕一次次拔除，鸭跖草也会"春风吹又生"。它的生命力为什么会这么顽强呢？关键就在于它茎干上的节点。

在生长过程中，鸭跖草的茎上会长出很多节点。它一边生长，一边结节；一边结节，一边又不断伸长茎干。如果茎干不幸断裂，它就会通过这些节点再扎根于地下，重新开始生长。

"季节的节点""人生的节点"……其实我们人类经常会用"节点"这个词。在过去，人们非常看重节点。比如一年有二十四个节气，又比如我们在日常生活中安排了很多季节性节日以营造一种平衡感。

节点是一个又一个重要的时间点。我们站在节点之上，既回顾此前的成长历程，又开始新的人生阶段。只要有了坚实的节点，哪怕我们在成长中遭遇挫折，也能够重新开始。

孩子在出生后会经历许多的仪式，数量惊人。只论如今保留下来的节点性仪式，日本的孩子就有御七夜、初食、初节句和七五三等仪式。中国的孩子出生后同样有很多仪式，婴儿诞生时有诞生礼，向诸位亲朋好友报喜；三日后，有三朝礼，为婴儿洗澡，祈福今后平安顺利；出生一月，为满月礼，邀请亲朋好友吃"满月酒"，共同庆贺；出生百天，行百日礼，孩子穿百家衣戴长命锁，祈祷长命百岁；一周岁时，行周岁礼，举行抓周仪式。这样才算完成了对一个新生命的迎接。

这些节日源于古人的智慧，人们用它们来记录孩子的成长，使孩子们可以一步一个脚印地踏实向前。有了这些在成长过程中长出的节点，孩子们哪怕屡次跌倒，也能够坚强地再度站起。

这种植物
就是
鸭跖草

花的结构很复杂
看起来像什么呢？

花朵在清晨盛开，
在中午枯萎，
就像清晨的露水一样。

　　花的形状看起来像什么呢？"像戴帽子的人""像萤火虫""像米老鼠"，答案多种多样。鸭跖草的花儿像清晨那不久就蒸发消失的露水一样，中午就会枯萎。但其实它那像贝壳一样闭合着的苞片里还藏着第二天就会绽放的花蕾，可以说是出奇地狡猾。鸭跖草碾碎后呈蓝色，可以治疗蛇伤。

常见程度：★★★

中文名：鸭跖草　英文名：dayflower

别名：竹叶菜、鸭趾草　花期：夏

花语：尊敬、小夜曲

季节性节日与植物

　　人们认为植物可以辟邪，所以在很多季节性节日都会用到各种植物。例如日本在3月3日举办的女儿节又被称为桃花节。在中国，每年端午节，人们会有在门上挂菖蒲或艾草辟邪的习俗，并用箬竹叶、芦苇叶、槲栎叶等叶片包粽子；七夕节，中国南方地区会将长出的豆芽称为巧芽，甚至以巧芽取代针，抛在水面乞巧，而在日本，人们会把写上愿望的竹笺挂在竹叶上；重阳节，中国人自古便喜欢佩戴茱萸以辟邪求吉，并且会在这一天观赏菊花，因此重阳节又称为茱萸节、菊花节。

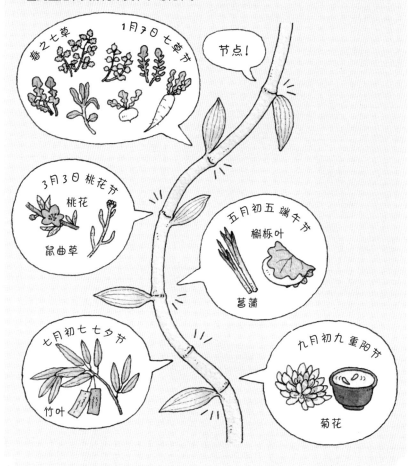

御七夜

初食

初节句

七五三

根基很重要

狼尾草

狼尾草是一种生长在路边，长着像刷子一样的大穗的野草。乍一看，它就像放大版的狗尾草。

狼尾草的根牢牢扎在地里，用力拔也很难拔出来。所以日本人把它叫作力芝，形容它那强大的力量。

牛筋草有着肥大的穗，看起来就像浓密的眉毛。这种草也很难拔，所以在日本被叫作力草。狼尾草和牛筋草都牢牢扎根于大地之中，那它们究竟有多少根须呢？

禾本科的植物会长出许多细如胡须的根，也被称作须根。遗憾的是，还没有人对狼尾草和牛筋草进行这方面的研究。不过，人们对同属禾本科的黑麦做过类似研究。如果把黑麦的细根都连在一起，一共会有多长呢？

我问过孩子们这个问题，他们歪着头答道："应该有10米长吧？"

"不止哦。"

"那……100米？"

"比100米还长——"

"难道有1千米吗？"

其实正确答案是600千米。仅仅一株草，就能够在地下长出这么长的根，真叫人大吃一惊。

狼尾草和牛筋草的根须想必和黑麦也差不多。正是因为众多的根汇聚成了一股强大的力量，所以人们才无法把它们从地里拔出来。

　　生活中我们常用到"根深蒂固""坚韧不拔""树大根深"等词语，可见"根"的重要性。我们往往只关注孩子们那些肉眼可见的成长，比如考试得了一百分，或者在运动会上拿了第一名……但根的成长其实是无形的。

　　孩子们每天都会经历很多事情，每天都在伸长自己的根须。他们向四面八方伸展根须，这些根须终有一天会凝聚成一股强大的力量。

植物的根部通常会从粗大的主根上长出侧根，然后从侧根上长出更细的根。这样一来根部会更加牢固，但这一过程需要花费很长时间。狼尾草这样的植物根部生长速度很快，会长出很多像胡须一样的根，或许这和足球或篮球比赛中的快攻战略有些相似？问荆和牛蒡的根部会在地下相连。牛蒡的根茎能延伸到地下很深的地方，日本人在过去称它为"地狱草"，意思是它仿佛可以一直延伸到地狱。

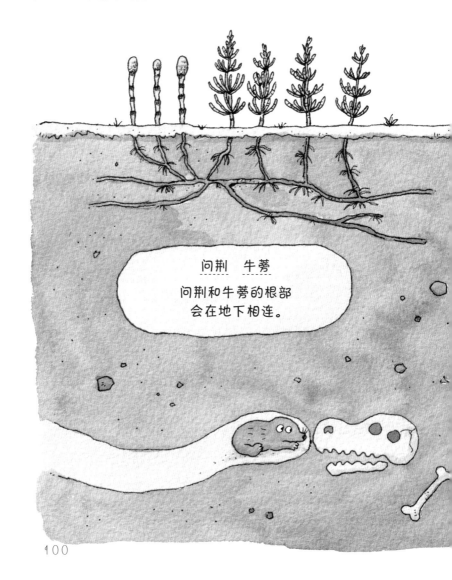

问荆　牛蒡

问荆和牛蒡的根部
会在地下相连。

果实的根基部位有毛，
果实和毛上都有倒刺，
像黏黏虫。

地下世界里
各种各样的根

狼尾草
强壮的根须密密麻麻地
伸展开来。

蒲公英
根部像牛蒡一样
向地下伸长。

常见程度：★☆☆
中文名：狼尾草
英文名：dwarf fountain grass
别名：大狗尾草、庆草
花期：夏~秋
花语：要强、信念

自然生长的
力量

芒

有一本描述植物的书叫《喻田间植物》。

书中指出，田里的植物被人们悉心呵护，可还是会在日晒下枯萎；路边的小草无人关心，但还是长得郁郁葱葱。借此，作者赞美了自然生长的植物拥有顽强的力量。

人们的种植行为多少有些"强迫"的意味，路边的杂草却是各随己愿、自然生长。《喻田间植物》告诉我们，被强迫生长则羸弱，自然生长则强大。

人心或许也是如此。外界强行塞给我们的东西只有不断施肥浇水才有可能生长；而来自自己内心的兴趣和干劲却会自然而然地不断成长。就像杂草会选择适合自己的地方扎根，人也要找到适合自己的领域自然发展。

孩子们总是对很多事物充满兴趣，总想要尝试新鲜的事物。有时，他们想尝试的可能与父母的意愿不太相符。

然后呢？难道我们就要如此草率地拔掉这些从孩子们内心中自然而然长出的"杂草"吗？我们强迫喜欢音乐的孩子去踢足球，难道不是直接扼杀掉了整株嫩芽吗？反之，强迫喜欢足球的孩子去学习音乐也是同样的道理。有些孩子看起来在无所事事地玩乐，有些孩子的确在聚精会神地做事，但不同的孩子身上都同样有着特定领域的发展潜力。

或许有一天，家长强行塞给孩子的意愿会使他们在日晒下变得弱小；而那些在孩子心中自然生成的愿景，反而会在阳光下尽情闪耀。

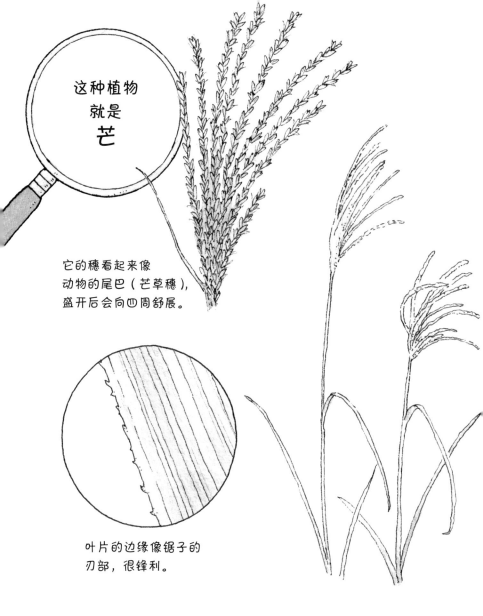

这种植物
就是
芒

它的穗看起来像
动物的尾巴（芒草穗），
盛开后会向四周舒展。

叶片的边缘像锯子的
刃部，很锋利。

　　芒的叶片很容易割到手，所以观察的时候一定要多加小心。仔细观察会发现，芒的叶片很像锯子的刃部，它正是用这种坚硬的透明质锯齿状边缘来保护自己。然而，牛等食草动物也随之产生了相应的进化，它们还是可以肆无忌惮地吃掉芒。

常见程度：	★ ★ ★
中文名：	芒
英文名：	Chinese silver grass
别名：	高山鬼芒草、金平芒草
花期：	夏~秋
花语：	活力、势力

106

芒的使用方法

虽然大家现在把芒当作一种杂草，但在过去，人们却争相割芒使用。古时候的人们会割芒喂牛、用芒搭建茅草房屋顶，甚至会划分茅场收割芒。用芒搭建的屋顶质量很好，因为芒被雨淋湿后表面就会形成一层水膜阻挡雨水渗透，所以用芒搭建的屋顶不会漏水。

各种各样的
伸展方式

斑地锦草

"为什么我家孩子不能和其他孩子一样呢？"

有些家长会因此焦虑不已，甚至对孩子大发雷霆。但是，和别人一样真的那么重要吗？

野草总是会不断向上生长，因为长得越高接收的光照就越多。但就在大家都垂直向上生长的时候，也有些草在横向匍匐生长——斑地锦草就是其中一员。

斑地锦草经常生长在人行道和其他人流密集的地方。如果它向上生长，肯定会因为人们的踩踏而折断。因此，它从一开始就选择横向匍匐生长，以此避免被踩踏时遭受损害。

但是，大家都在垂直向上生长，只有你在横向匍匐生长，这样真的没问题吗？

比如光照就是一个问题。如果植物在地面上横向匍匐生长，应该无法接受到足够的光照吧？其实没有必要担心这个问题。没有多少植物能在这种容易被踩踏到的环境中生长，所以斑地锦草没有其他竞争对手。哪怕横向匍匐生长，斑地锦草也能以饱满的叶片独占阳光。

那花儿呢？如果不把花儿高高举起，负责传播花粉的蜜蜂和花虻就看不见它吧？

其实这也不成问题。斑地锦草并不靠蜜蜂和花虻传播花粉，而是把这项工作交给了蚂蚁。蚂蚁会沿着匍匐在地面的斑地锦草茎干爬行，逐个采集花蜜并把花粉含在嘴里。并且蚂蚁闻到花蜜的香气就会赶来，所以斑地锦草不需要像其他植物那样用鲜艳的花瓣吸引蜜蜂和花虻。因此，斑地锦草的花朵结构非常简单，只有一个雄蕊和一个雌蕊。此外，正因为斑地锦草只需要与蚂蚁打交道，所以它也只用开出很小的花、分泌少量的花蜜即可。这种简单而个性十足的生活看起来既丰富有趣又悠闲舒适。

　　靠着与众不同的伸展方式，斑地锦草收获了意想不到的成功。它似乎在告诉我们，每种草都可以有自己的伸展方式。

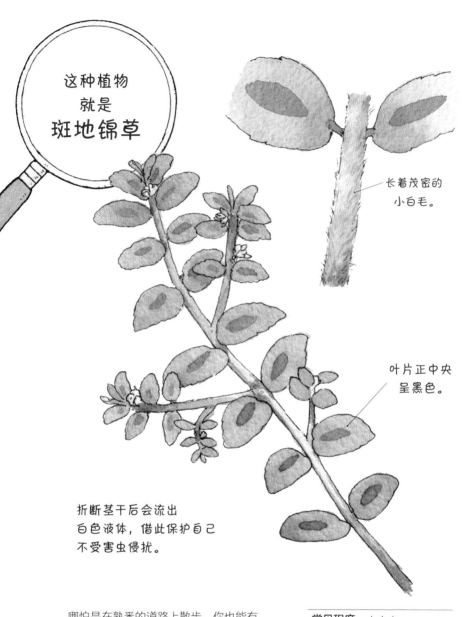

这种植物
就是
斑地锦草

长着茂密的
小白毛。

叶片正中央
呈黑色。

折断茎干后会流出
白色液体，借此保护自己
不受害虫侵扰。

哪怕是在熟悉的道路上散步，你也能有新发现。有些事物要在你停下脚步后才能发觉，有些风景要在你蹲下后才能看见。仔细观察斑地锦草的花朵，或许能看见蚂蚁们正在忙碌地采蜜。这些风景就在你的脚下，一个无人注意的地方。

常见程度：	★★☆
中文名：	斑地锦草
英文名：	spotted spurge
别名：	斑地锦、血筋草
花期：	夏
花语：	执着、隐秘的热情

草类各种各样的
伸展方式

虽然人类都在努力向上生长，但植物并不尽然。植物们会根据各自生存的环境选择不同的伸展方式，哪怕是同一种类的植物也有直立型和匍匐型之分，可以说非常自由。

纵向伸展
（直立型）
牛膝、苍耳、
钻叶紫菀等。

横向水平生长，有分枝
（分枝型）
繁缕、鸭跖草、
马齿苋等。

草类不仅会
向上伸展，
还有很多品种
横向伸展！

在地面上横向伸展茎干
（匍匐型）
皱果蛇莓、白车轴草、
斑地锦草等。

不延长茎干而
长出繁茂的叶子（丛生型）
芒、狼尾草、早熟禾、
具芒碎米莎草、狗尾草等。

只展开叶片，不伸长茎干
（莲座型）
蒲公英、稻槎菜、
车前草等。

依靠藤蔓伸展
（藤蔓型）
窄叶野豌豆、王瓜、
葛等。

紧贴地面生长，
经常被踩
漆姑草等。

成长的标准

马齿苋

我们固以为植物会不断朝着上方生长，当我们种植的植物向上生长得越来越壮硕时，我们也会为此而高兴。

但是，在植物的世界里，向上生长未必就是好事，斑地锦草就是一个典型例子。每种植物都有适合自己的伸展方式，它们还会根据环境进行调整。植物的伸展方式多种多样，许多植物会横向生长，而非竖直向上生长，马齿苋便是其中一员，它的茎干总是横向生长。

评判植物的生长好坏有两个重要指标——株高和株长。

这两个指标看似一致，但含义不同。株高指植株根颈部到顶部之间的高度，而株长指植株根颈部到顶部之间的长度。乍一听好像没什么区别，竖直生长的植物株高与株长的确也是相同的。但对于横向生长的植物来说，两者的含义却截然不同。

株高是指从地面算起的垂直高度，因此横向生长的植物无论怎么努力，株高也几乎为零。

我们往往会以株高评判植物的生长好坏。如果杂草长到一定高度，我们会觉得"该除草了"。可是，这样就会忽略那些贴着地面横向匍匐生长的杂草。人类看重株高，但对于植物本身来说，株长其实才是衡量生长的标准。

要想测量株长，仅靠一把直尺是不够的。你必须要顺着植物生长的方向，一点点地比对、测量。

那么，孩子们的成长又该以何种标准评判呢？是用精心测量的"株长"？还是只关注到了"株高"，并以此进行评价呢？

这种植物
就是
马齿苋

马齿苋的花朵很小，
但很漂亮。

熟透的果实有一个
像帽子一样的盖子，
属名意为"小帽子"。

常见程度：★ ★ ★

中文名：马齿苋

英文名：common purslane

别名：五行菜、长命菜、马苋

花期：夏

花语：元气满满、天真无邪

马齿苋是肉质叶片，肥厚多汁，踩上去很滑，所以日语写作"滑苋"。日本山形县等地也把它叫作"不滑草"，认为备考的学生吃了它会迎来好运。马齿苋有着和仙人掌相同的机制，白天会关闭气孔以防止水分蒸发，所以抗旱能力强。它具有很强的生命力，可以作为吉祥物装点在屋檐下。

我们身边的植物很少有毒，有些甚至可以用来制作美食。但是公园的草地上（可能撒了除草剂）还有遛狗的小路等地方长出来的杂草不可以吃哦。

白灼凹头苋

黄油炒苋菜

蒲公英沙拉

繁缕煎蛋饼

问荆鸡蛋汤

可以吃的杂草

苋菜是一种原产于印度的蔬菜，没有苦涩味，而且它还是具有代表性的美味杂草，用黄油炒着吃非常可口。马齿苋和苋菜相似又有不同，因为味道相近所以也被冠以"苋"的名称。凹头苋也是苋属植物，既可以用来白灼，又可以制作成油炸天妇罗。繁缕可以当作欧芹的替代品，也可以与鸡蛋混合做成煎蛋饼。药用蒲公英在欧洲被当作蔬菜，它可以用来做沙拉吃，不过有类似于莴苣的苦味。问荆则是一种典型的野菜，也是大家摘野菜的必选项。

120

TRIFOLIUM REPENS

在踩踏中
成长的
幸福象征

白车轴草

白车轴草也是一种横向生长和蔓延的野草。

白车轴草俗称三叶草。扑克牌上的梅花符号也会被认为是三叶草符号，由此可知白车轴草一般有三片叶子。不过，我们偶尔也能发现四片叶子的"四叶草"。

众所周知，四叶草象征着幸运。据说，四叶草的起源可以追溯到一位名叫圣帕特里克的传教士，他将三叶草的三片叶子比作爱、希望和信仰，又将第四片叶子比作幸福。

很多人应该都有沉迷寻找四叶草的经历吧？当我们蹲在一片三叶草丛前聚精会神地寻找四叶草时，的确会觉得非常有趣。

其实寻找四叶草有一些窍门，一些特定区域会更容易出现四叶草。

关于四叶草的成因众说纷纭，有一种说法认为这是白车轴草的叶片基部受损造成的畸形现象。所以，在路边、运动场等那些容易被人们踩踏的地方更容易找到四叶草。

四叶草明明是幸福的象征，却会出现在经常被人们踩踏的地方，真叫人万分惊讶。或许四叶草就是借此告诉我们，真正的幸福是在"踩踏"中成长而来的。

123

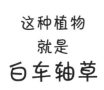

这种植物
就是
白车轴草

花朵是白色的，呈密集的球状，从外面看不见花蜜的所在位置……为什么？

红车轴草

又叫紫车轴草，
叶子上有白色的毛。

桃色车轴草

会开出
粉色的花朵。

白车轴草的花蜜藏在小花的内部，只有聪明的蜜蜂才能打开花瓣品尝花蜜。这种只能由蜜蜂汲取花蜜的结构有一大优点，它能让花粉在白车轴草之间有效传播。花期结束后，花朵会从外部垂落下来。

常见程度：	★ ★ ★
中文名：	白车轴草
英文名：	white clover
别名：	白三叶、三叶草
花期：	春~夏
花语：	约定、复仇

花冠的制作方法

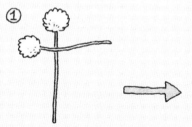

将两朵花沿脖子处
交叉在一起。

将放在上方的花的茎干
从后面绕一圈，
再拿到前面来。

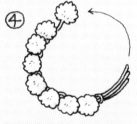

再加一朵花，用同样的
方法交叉、环绕。

直到花冠有一定长度，
再将最后一根花茎缠绕在
第一根花茎的脖子上即可完成！

　　孩子们会摘下花朵，用一双巧
手将它们编织成花冠、手链等各种
模样。编织花朵的方法多种多样，
到底是谁想出来的呢？孩子们可真
厉害呀。不过，在花圃逐渐消失的
当下，坐在紫云英和三叶草中央编
花的孩子已经不多见了。

被踩一踩
也不是坏事

车前

在人们的印象里，"杂草"常常会和"被踩踏"联系在一起。但杂草们也不都是一味忍受，其中一些甚至会好好利用自己常被踩踏的特性。

提到被踩被踢却屹立不倒的杂草，车前无疑是其中的典型代表。车前一般生长在路边、运动场和其他一些人来人往的地方，很容易遭受踩踏。

车前的叶片紧贴地面舒展，所以不易被踩坏。此外，它那宽大的叶片虽然看起来很柔软，但其实有五根粗壮的脉络贯穿其中。撕下叶子轻轻一拉，就能取出这些脉络。它们刚柔并济，所以哪怕被踩踏也不会碎裂或破损。

为了开花，车前会伸展茎干。但它的茎干与叶片恰恰相反，是外硬内软的结构。这种质地的茎干弹性极佳，哪怕被踩也不会折断。

当然，车前不仅经得起人们的踩踏。

车前的种子含有一种果冻状的物质，吸收水分后会具备黏性。因此，它们可以黏在人们的鞋子或汽车的轮胎上，传播到远方。就像蒲公英会借助风力传播种子一样，车前是借助人们的踩踏来传播种子。因此，车前一般会沿着道路传播生长。

对于植物来说，被踩踏肯定算不上什么好事。但车前不一样，它不但不讨厌被踩踏，还能利用人们的踩踏进行传播。

　　身处逆境却能甘之如饴，这大概就是"野草精神"吧。

这种植物就是**车前**

大大的叶片像青蛙，所以也被叫作"青蛙叶"。传说把它的叶子盖在死去的青蛙身上，青蛙就能死而复生。

车前在经常被踩踏的地方和不怎么被踩踏的地方的生长情况不同。在不怎么被踩踏的地方，车前的叶子会竖立起来；而在经常被踩踏的地方，车前的叶子会紧紧地贴在地面上，因为这样受到的伤害较小。在经常被踩踏的地方，有的车前还会长出可爱的小穗。

白色的脉络

叶片中白色的脉络就是它抵御踩踏的秘诀。

常见程度：★★★

中文名：车前　　英文名：chinese plantain

别名：车前草、蛤蟆草、饭匙草

花期：春~秋　　花语：留下足迹

各种各样的“草相扑”

　　有一种叫作“草相扑”的游戏，双方将野草的茎干交叉并用力拉扯，茎干先断掉的人失败。你也可以用不同植物的茎干来试试看！除了车前，还有很多其他植物在日本被叫作“相扑草”，比如东北堇菜。你可以交叉它的花根用力拉扯，这也是一种“草相扑”。此外，还有一种“草相扑”是把升马唐的穗缠绕成“冲天炮”发型的样子，再用力拉扯。或者把它的穗翻过来，玩“纸相扑”❶。你还可以把松针劈成两半，用来玩相扑游戏哦。

车前的茎干
很柔软，
最适合玩
“草相扑”！

另外还有……

松针　　　　　升马唐　　　　　东北堇菜

❶ 游戏者通过轻轻拍打场地边缘来让纸做的相扑选手运动，迫使对方相扑选手倒地或出界即为胜利。

谦让
这件小事

蒲公英

孩子们经常会为一个玩具争得面红耳赤。

"不要打架，你应该把玩具让给他。"

这时，大人们往往会急忙打圆场。

对此，你怎么看？难道我们大人就能互相谦让吗？

众所周知，蒲公英是一种会"做体操"的植物。

蒲公英长着笔直的茎干，上面会绽放花朵。可当花期结束后，它就会放倒茎干，躺在地上。当种子成熟时，它将再次立直茎干，并努力生长到更高的位置。蒲公英的茎干就像在做体前屈一样，因此也被叫作"蒲公英体操"。

蒲公英之所以会把茎干伸高，是为了能让绒毛随风飘到更远的地方。可是，它们又为什么要躺在地上等种子成熟呢？有一种说法认为，这是蒲公英为了在等待种子成熟的期间保护自己不受强风侵袭。

也有其他野花会做同样的"体操"，比如繁缕。繁缕的花在盛开时是朝上的，过了花期就会垂下去。而当种子成熟时，又会为了能把种子传播得更远而立起来。

先开的花儿心胸宽广，会将更好的位置让给后开的花儿。正因如此，蒲公英和繁缕的花丛才能始终保持美丽。

这种植物就是**蒲公英**

总苞片向上伸展

总苞片向下卷曲

宽果蒲公英

药用蒲公英

要区分宽果蒲公英和药用蒲公英，就需要观察花朵下方的总苞片（变态叶）。不过，近年来我们也会看见许多杂交品种的蒲公英。蒲公英的白色绒毛看上去就像一片片花瓣，但其实每一片"花瓣"都是一朵小花，蒲公英是由150余朵花儿组成的聚合花。

每一朵绒毛下都有一颗种子，天气晴朗时会随风起飞。

常见程度：	★★★
中文名：	蒲公英
英文名：	dandelion
别名：	黄花地丁、婆婆丁
花期：	春～秋　花语：爱的神谕

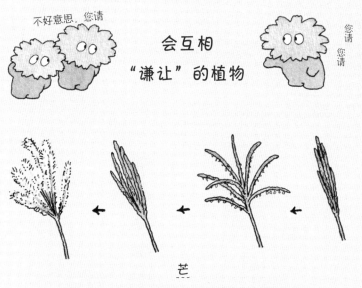

会互相
"谦让"的植物

不好意思，您请

您请
您请

芒

花期结束后会将穗闭合，种子成熟后再打开。

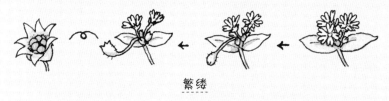

繁缕

花期结束后会垂下来，结出种子后再把茎干立起来。

　　和蒲公英、繁缕一样，芒也会在花期结束后有所"行动"。开花时，芒会将穗打开，这样一来，花粉就能够乘风而起、传播出去。花期结束后，芒又会将穗闭合起来，等待种子成熟后再度打开，这样能够防止种子被风吹走。虽然大家都觉得植物不能动，但它们动的频率其实比你想象的要高哦。

多样性的价值

雨久花

139

雨久花是生长在田间的杂草，它的花有"左撇子"和"右撇子"之分。

"右撇子"的雄蕊在右侧，雌蕊在左侧；"左撇子"则恰恰相反，雄蕊在左侧，雌蕊在右侧。两种花就像镜像画面一样，形状恰好相反。

为什么雨久花会开出两种形状相反的花呢？其中蕴藏着植物的智慧。

当蜜蜂来到"右撇子"花的面前时，因为雄蕊在花朵右侧，所以花粉也会沾在蜜蜂的右侧。当同一只蜜蜂再来到"左撇子"花的面前时，因为花朵右侧是雌蕊，所以它携带的花粉就会碰到雌蕊，使雌蕊成功受粉。而"左撇子"花的雄蕊在左侧，所以蜜蜂的左侧就会沾上花粉，这些花粉之后又会附着在"右撇子"花的雌蕊上。换句话说，"右撇子"花的花粉会给"左撇子"花的雌蕊授粉，"左撇子"花的花粉会给"右撇子"花的雌蕊授粉。那么问题来了，为什么雨久花会构建一个如此复杂的机制呢？

在棒球比赛中，一支兼有左撇子和右撇子击球手的球队要比只有右撇子击球手的球队策略更广泛，也更强大。

这就是雨久花的考量。左右之间的差异并不只是一种象征性的划分，而是雨久花为了保持个性所做出的努力。相同事物的组合只能复制出如出一辙的群体，而不同事物的组合可以孕育出纷繁众多的后代。正是因为汇聚了多种不同的个性，雨久花才能攻克重重难关。

　　对于雨久花来说，两种花没有什么优劣之分。同时拥有两者，才是最好的选择。

这种植物
就是
雨久花

镜像对称

既有雄蕊（大）在左侧的花，
也有雄蕊（大）在右侧的花，
像是镜像对称。

雄蕊（小）

雌蕊

雄蕊（大）

雨久花的花朵中央可以分为上下两部分，上侧有5根黄色的雄蕊（小），下侧有1根青紫色的雄蕊（大）和1根雌蕊呈对称状。雨久花既有雄蕊（大）在左侧的花，也有雄蕊（大）在右侧的花，两种不同类型的花能够使它更容易相互授粉。

叶子呈心形，
与双叶细辛的
叶片很像。

常见程度：	★ ★ ☆
中文名：	雨久花
英文名：	pickerelweed
别名：	浮蔷、蓝花菜、蓝鸟花
花期：	夏~秋
花语：	前程似锦

濒临灭绝的杂草

　　过去，雨久花是一种生长在田间的杂草。但如今，它的数量越来越少。可能在大家的印象中，无论怎么拔除，杂草都还会生长。事实却令人震惊，许多杂草都已经濒临灭绝。或许会有人认为："杂草那么讨厌，灭绝也挺好的吧？"但"灭绝"也就意味着从地球上彻底消失，我们再也无法亲眼看见它们的身影。

蘋（田字草）

叶片形状像汉字"田"，所以也被称作"田字草"。

有尾水筛

生长在田间的杂草。

扯根菜

很像煮熟后的章鱼脚。

苍耳

具有代表性的"黏黏虫"
正被外来物种赶出自己的栖息地……

PUERARIA LOBATA

其实没有杂草

葛

145

我们把那些在田野、空地、路边等地随处可见的无益小草统称为杂草，有时也称它们为"无名小草"。

田野里，有黄花也有白花，有长草也有短草。每一朵小野花都被赋予了名字，每一朵花都独一无二、个性丰富，世间并没有所谓的"无名小草"。

同理，孩子们虽然被总括为"孩子们"，但每一个孩子都与众不同、性格鲜明。

他们有的擅长跑步，有的喜欢阅读；有的活泼好动，有的安静乖巧；有的比较早熟、飞速成长，有的厚积薄发、慢慢进步。

孩子的教育和抚养方式也可谓百家争鸣。填鸭式教育也好，宽松教育也罢；重视早教也好，强调实际体验也罢——每个孩子都是不同的，自然也会有不同的教育方式。有的孩子更适合填鸭式教育，有的孩子则更适合宽松教育。

育儿，没有绝对的正确答案。

在养育孩子的过程中，大人们应该为孩子做的事情其实并不多。我们不需要冥思苦想，而应该采用更放松、更有趣、更贴近孩子个性的方式与他们相处。

这种植物
就是
葛

花朵的香气像葡萄汁一样，花瓣基部为黄色。

叶子很大，直径可达30cm。

包裹着种子的荚果上有褐色、多刺的硬毛。

常见程度：★★☆

中文名：葛

英文名：kudzu

中文别名：葛藤、野葛

花期：夏~秋

花语：活力、治愈

　　葛以"爱睡午觉"而闻名。它可以自由地移动自己的叶子，天气炎热时就将叶子直立合拢，到了晚上就将叶子垂下去，防止水分蒸发，待它睡觉时我们便可以看到叶子的背面。葛的种子成熟后会以荚果的形式掉落在地上，方便动物运输。

无人知晓名字的花草

虽说所有植物都有名字，但实际上有一些花草还是被归为"无名小草"，甚至无人问津。例如在荒地、路边随处可见的小蓬草就是典型代表。阿拉伯婆婆纳虽然很有名，但其实直立婆婆纳数量更多。只是它开的花儿太小，所以无人在意。另外，人们都知道升马唐、牛筋草和狗尾草，但其实名不见经传的雀稗数量更多。

小蓬草

直立婆婆纳

雀稗

COIX LACRYMA-JOBI

尚未被发现的
价值

薏苡

提到"杂草"这个词，你的脑海中会有什么印象？一般而言，大家都会想到"顽固""麻烦"和"烦人"。

杂草的定义是"生长在对人类活动不利的场所的植物"。换句话说，自顾自长起来的杂草对人类来说是一种麻烦。

但事实果真如此吗？五月艾也是长在田间的杂草，但它可以用来做年糕。在日本，生长在空地上的芒是赏月的必需品，甚至古时候的茅草屋顶就是用芒做成的。对于那些着迷于路边野花的美丽，并会用它们来插花的人来说，野花也已不再是"杂草"。

孩子们甚至会拿杂草当玩具。薏苡之所以在日本被称作数珠玉（意为念珠），就是因为孩子们会拿它的种子做成念珠。

人们把因种子掉落在道路上而生长出来的萝卜叫作"倔强萝卜"，那这种"倔强萝卜"是杂草吗？对于那些认为它是障碍物的人来说，它就是杂草，但对于那些认为它可以食用的人来说，它却是蔬菜。甚至有人因它的"倔强"而受到鼓舞，称其为"倔强萝卜"。

一切都完全取决于我们看待事物的角度，是我们的思想，将杂草当成了"杂草"。

美国思想家爱默生将杂草称为"尚未发现其价值的植

物"。不仅仅是杂草，世间万物本应具有无可替代的价值，只是我们尚未发现。也许，宝贵的价值就在我们的脚下。

那大人们平常是怎么做的呢？是不是没有发现孩子身上的优点，却将其个性当作"杂草"拔掉了呢？

停下脚步，蹲下身子，多把注意力分给自己身边的事物吧。当你发现了路边的野花之美，它就不再是杂草。

这种植物
就是
薏苡

果实内部中空，
像有孔的串珠一样。

像是挂在脸颊
上的泪珠……

这种像念珠一样的坚硬果实实际上是一种叫作总苞的器官，它包裹着花朵，花朵又可以穿过中空的小孔长出穗并开花。薏苡的英文名"Job's tears"（约伯的眼泪）就源于它的总苞，人们将其美丽的光泽和形状比作《旧约圣经》中约伯的眼泪。

常见程度：★★★	
中文名：薏苡	
英文名：Job's tears	
别名：菩提子、五谷子	
花期：夏~秋	花语：祈祷、恩惠

成为农作物的杂草

　　薏米茶的原料薏米是一种改良自野生薏苡的农作物。燕麦原本是一种叫作野燕麦的杂草，因其在贫瘠的土地上比小麦长得更好所以培育成了农作物。此外，它还是格兰诺拉麦片❶的原料。因黑麦面包而为人所熟知的黑麦原本也是麦田里的杂草，因为比小麦更耐寒而被培育成了农作物。五月艾不仅可以用来做年糕，还可以用来艾灸。葛根自古以来就是人们制作葛粉和葛粉糕的原料，甚至还可以做成名为葛根汤的中药。

黑麦

麦田里的杂草，可做成面包。

燕麦

格兰诺拉麦片的原料。

葛

可以用来做葛粉糕。

五月艾

可以用来做年糕。

---

❶ 译注：指用烘烤过的谷类、坚果等配制成的早餐食品。

156

CAPSELLA BURSA-PASTORIS

野花的心情

荠

养育子女非常艰辛，常常令人烦恼不已。

或许有人也想过："这么辛苦，我都不想养孩子了。"

这种时候，何不试着放下一切，放开手脚，舒舒服服地躺在草坪上摆成"大"字形呢？

你能看到什么样的景色？

看到碧蓝的天空，看到千姿百态的云彩。

在一望无际的蓝天，自由飘荡的白云，倾泻而下的阳光之下，你会忘记所有烦恼，渐渐觉得越来越轻松，感受到自己的力量从身体底部翻涌而上。

如果多加留心，你还可以看到路边的小野花正在舒展叶子。

现在，请回答我一个问题："你认为植物是朝哪个方向生长的呢？"

如果你观察得够仔细，就会发现所有的植物都在向着太阳伸展叶子。当然，并非所有植物都向上生长，我们身边不乏横向生长的植物。但是，包括它们在内的所有植物都在仰望天空。

事实就是如此。

你仰面躺下时所看到的那些，正是野草们眼中的景色。

从你内心深处翻腾而起的力量，也许就是花花草草们感受到的生命能量。

　　看看身边的植物吧，它们都面朝天空、生机勃勃。

　　没有任何一株植物会垂头向下。

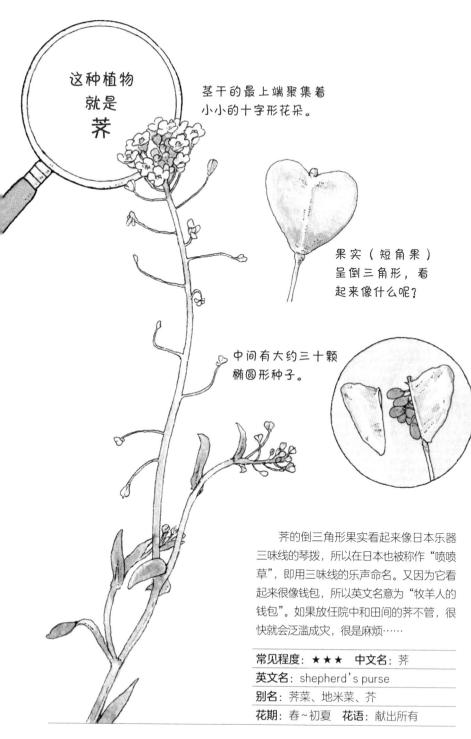

这种植物就是荠

茎干的最上端聚集着小小的十字形花朵。

果实（短角果）呈倒三角形，看起来像什么呢？

中间有大约三十颗椭圆形种子。

荠的倒三角形果实看起来像日本乐器三味线的琴拨，所以在日本也被称作"喷喷草"，即用三味线的乐声命名。又因为它看起来很像钱包，所以英文名意为"牧羊人的钱包"。如果放任院中和田间的荠不管，很快就会泛滥成灾，很是麻烦……

常见程度：★★★　中文名：荠

英文名：shepherd's purse

别名：荠菜、地米菜、芥

花期：春~初夏　花语：献出所有

160

花草也会演奏音乐

　　要感受大自然，我们就得充分调动自己的五感。所谓五感，即用眼睛看的"视觉"、用耳朵听的"听觉"、用鼻子嗅的"嗅觉"、用舌头尝的"味觉"和用身体感受的"触觉"。打个比方，你闭上眼睛，就能更加清晰地听见鸟语悠扬、虫鸣阵阵、风声呼啸、水声潺潺。虽然我们很难听见植物发出的声音，但也可以通过一些游戏来感受。只用眼睛来看实属浪费，一起来锻炼五感，尽情享受大自然吧！

扯住三角形的果实，它就会晃来晃去。

在耳边晃动，就会发出沙沙的声响。♪

用荠做成沙锤。

用葛的叶片可以发出射击一样的声音。

把手圈成圆形，再在上面放一片叶子。

用另一只手的手掌猛地击打，就会发出"嘭！"的巨响。

161

162

莲座状的
根基

春飞蓬

寒冷的冬天里，每个人都会蜷缩着背以求保暖。

但植物却不能自在地蜷缩起来，它们必须要伸展开叶片以便接受光照。但展开叶子也就意味着会将自身暴露在寒冷之中。

因此，一些野花会将自己的叶子紧贴着地面展开。从上往下看，这种结构的形状很像莲座，所以被叫作"莲座状"。

植物的莲座状部分几乎没有茎干，只有叶子平铺在地。这样一来，只有叶子的正面暴露在寒冷的空气中，植物也能因此在寒风中坚强地生存下来。

你也可以模仿莲座的形状躺下来，会出乎意料地暖和哦。

莲座状这一越冬方式非常实用，以至于几乎各种花花草草都以莲座状越冬。

但莲座状并不仅仅只是一种越冬方式。如果只是单纯为了平安过冬，植物们大可以像种子或球茎一样睡在土里。莲座状的独特优势在于，让植物即使在寒冷的日子里也能进行光合作用。

莲座状的秘密在于土壤。小小的莲座下是又粗又长的根，莲座状的植物会将光合作用合成的养分储存在根部。当然，我们不能用肉眼捕捉根部的生长，只能看见那些在寒风中瑟瑟发抖的小叶子。但莲座其实会暗中长出根基、积蓄力量，到了春天，它们就能用这部分能量绽放花朵。

不仅是莲座状植物，所有在春天早早开花的植物无一不在冬天就伸展出了枝叶。要想在春天绽放美丽，必先在寒冬中坚持生长。

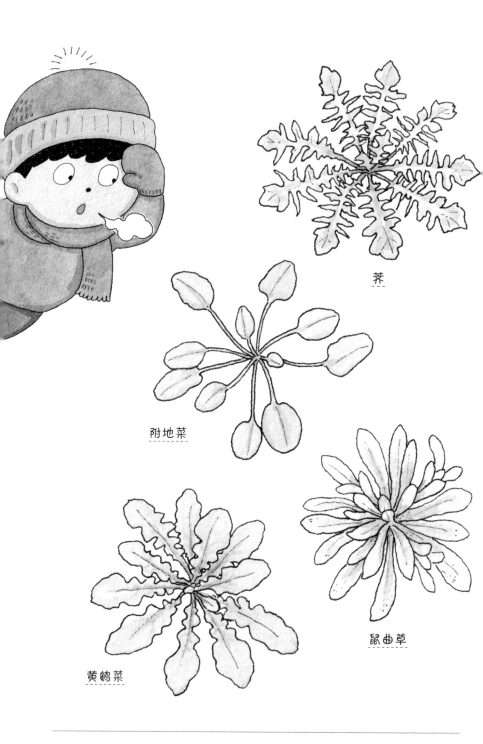

荠

附地菜

黄鹌菜

鼠曲草

莲座状的植物

很多植物都紧贴着地面伸展叶片，采用莲座状越冬，它们的叶片形状和伸展方式多种多样。

车前

蒲公英

待宵草

常见程度：★★☆

中文名：春飞蓬

英文名：philadelphia fleabane

别名：费城小蓬草、春一年蓬

花期：春

花语：怀念的爱

春飞蓬

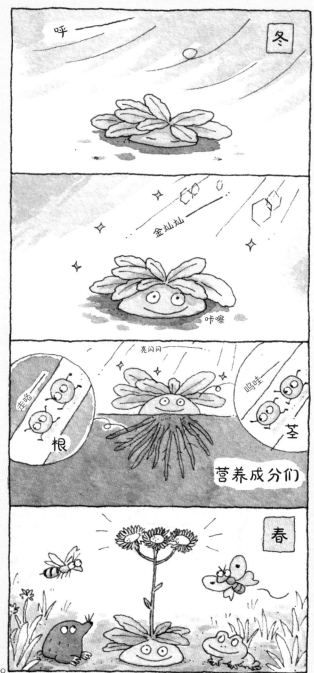

我想对你
有用

长鬃蓼

许多植物的名称中都包含了动物的名字。

例如日语中称血红石蒜为狐剃刀、麦冬为蛇髭（zī）、矮桃为虎尾。

在日本，植物名称中带有动物的很多都与狗相关，有的甚至表示狗的某个身体部位，例如四国谷精草被叫作犬髭（狗的胡须）。有的时候"与狗相关"的植物名称就表示"无用"，即这些植物是给狗用的而非人类。

有给狗用的植物，那么相对应地也就有给人用的植物，但它们的名字中也有"犬"字。例如龙葵被叫作犬酸浆，对应的就是可药用的酸浆。同理，扁穗雀麦被叫作犬麦，对应的就是麦子。稗（bài）在被叫作犬稗，对应的就是一种名为紫穗稗的杂粮。凹头苋被叫作犬苋，对应的就是苋菜这一健康蔬菜。

此外，葶苈（tíng lì）被叫作犬荠。荠被当作杂草，但它同时又是隶属"春之七草"的可食用蔬菜。因此，葶苈的名字上就加了一个"犬"，成了犬荠。还有被叫作犬蓬的庵闾以及犬菊芋、犬胡麻等等，它们都是因有用而得名的"无用植物"。

长鬃蓼（zōng liǎo）被叫作犬蓼，也是相对于蓼而得名，意为"无用的蓼"。蓼味辛常用作生鱼片的装饰品，为了与犬蓼区别开来，它还被称作本蓼，意为"真正的蓼"。

尽管被称为"无用的蓼"，但长鬃蓼的花语却是"我想对你有用"。孩子们就常用它拿来玩过家家，因此它在日本也被称为赤饭。赤饭是一种用红豆、糯米和红糖制作的甜味饭，通常在节日或庆典上享用。长鬃蓼的花是红色的颗粒状，所以被孩子们用来代替真正的赤饭。谁说它只能给狗用，明明对人类来说也很有用嘛。

这种植物
就是
长鬃蓼

花穗一直保持色彩鲜艳的
秘诀是什么？

把花穗取下来，
就可以当作赤饭来玩过家家。

长鬃蓼为数不多的花穗上开满了密密麻麻的花朵，花朵即使过了花期也不会凋谢，因为呈粉色的部位并非花瓣而是名为花萼的花朵基部。长鬃蓼的花蕾和果实也是红色的，因此整株穗都色彩鲜艳，便于吸引昆虫。

常见程度：	★★★
中文名：	长鬃蓼
英文名：	creeping smartweed
别名：	马蓼
花期：	夏~秋
花语：	我想对你有用

名字里有动物的植物

　　有些植物的名称里有动物的名字，一起翻开图鉴，来找找看这些有趣的名字吧。我认识的一位老师从鼠年到猪年，每年都会在她的贺年卡上画一幅有对应生肖名字的植物图画。都有哪些植物的名字里有这些生肖呢？不妨查一查。

血红石蒜（狐剃刀）

麦冬（蛇髭）

矮桃（虎尾）

多花黑麦草
（鼠麦）

南苜蓿（马肥）

羊茅（牛毛草）

发不出芽来

莲

大家种过杂草吗？

你可能会认为自己的庭院里就长了许许多多的杂草……但事实并非如此。实际上，杂草也需要播下种子、浇灌水分才能生长。

杂草不是自顾自长出来的吗，"种杂草"这一说法有些奇怪吧？那就不妨播下一些种子试试看吧。你或许觉得"种杂草"很简单，哪怕放任不管，它们也会平安长大。但其实，杂草的生长相当困难。

"种杂草"的困难之处在于我们难以让它们按照我们预估的样子生长。

毕竟，哪怕我们播下种子，它们也可能不会发芽。

如果播下蔬菜和花卉的种子，那么只要记得浇水，等待几天就能看到伸展的嫩芽。但杂草不同，播下种子后无论怎么浇水、无论等待多长时间，它们可能都不会发芽。因为人们都是在恰当的时节种植蔬菜和花卉，所以它们会按照大家的预期顺利发芽；但杂草的发芽时间是由自身决定的，并不会按照人类的规划进行。

植物这种不发芽的性质被称为休眠，乍一听好像有偷懒的意思在，其实不然。对于杂草来说，发芽的时机至关重要。如果时机不对，它们就无法正常长大。因此，杂草会用心斟酌发芽的时机，而这段时间就是它们的休眠期。

如果你播下的种子迟迟未能发芽，也无需着急，到了该发芽的时候，杂草自然就会冒出小芽来。如果你急于让它们在不合适的时间发芽，那它们的嫩芽也注定会在那段时间枯死。发芽并非越早越好，植物们自有其发芽时机。

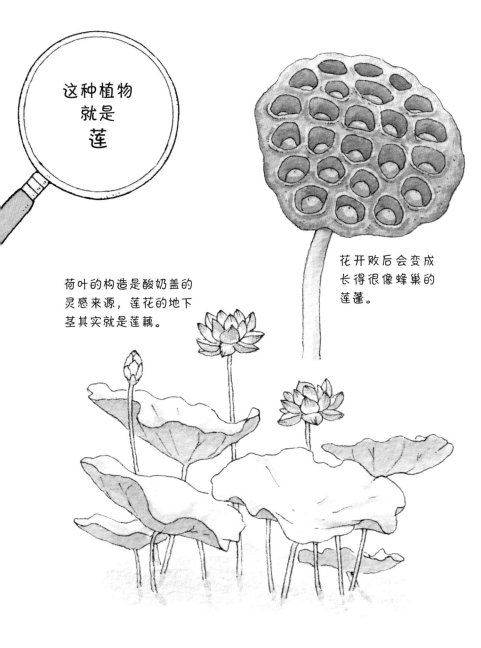

这种植物
就是
莲

荷叶的构造是酸奶盖的
灵感来源，莲花的地下
茎其实就是莲藕。

花开败后会变成
长得很像蜂巢的
莲蓬。

莲花开败后呈现出的莲蓬长得很像蜂巢。荷叶防水，所以水珠能在上面滚动。荷叶的这一特性（荷叶效应）也被应用到了酸奶盒盖的制作上，可以使盒盖上不沾酸奶。因为莲的种子很难发芽，所以在播种时可以先用锉刀把种子磨破，这样莲会更容易发芽。

常见程度：★★★　中文名：莲　英文名：lotus　别名：荷花　花期：夏　花语：雄辩

虽然很难发芽
但我们还是可以
试着种一下

　　播下一粒种子，它就会发芽——对于大人们来说，这好像是一件理所应当的事情，其实不然。发芽是大自然的奇迹，参天巨树最初也只是一小粒种子。播下一颗种子，我们会为它能否顺利发芽而担忧；看到它长出新芽，我们就会分外高兴。让我们试试播种吧！种蔬菜也好，种花儿也好，种身边触手可及的野草也很不错。橡果其实也是种子，不妨种种看；南瓜和苹果的种子能发芽吗？当然也可以试试；碾磨前的糙米就是去掉表皮的大米种子，也可以种一下哦！

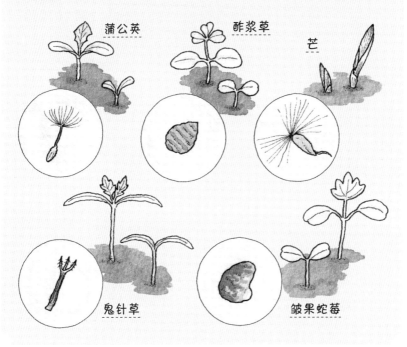

蒲公英　　酢浆草　　芒

鬼针草　　皱果蛇莓

结语

我的两个孩子已经长大成人，说实话，他们俩的理科成绩都很差。

小的时候，老大最喜欢的东西是汽车，最喜欢的科目是历史。老二很喜欢阅读，最喜欢的科目是国语和英语。

但我已经很知足了，觉得这样也很不错。我并不希望他们成为植物学家。

话虽如此，我还是会常常带他们走近大自然。

大自然的生物有两种生存策略。

一种是凭借先天形成的预设好的本能，昆虫是这方面的佼佼者。具有本能的昆虫可以在没有事先教导的情况下独立生存。但它们也有一个缺点，那就是无法应对不可预知的状况。

另一种是依靠后天发展的智力，也就是哺乳动物的策略。拥有智力的哺乳动物能够应对所有可能发生的状况。但它们同样有一个缺点，那就是没有教学就无法获得应对问题的能力。

我们哺乳动物的大脑就像一个空空如也的盒子，我们会往这个盒子里填充各种各样的知识和智慧。但我认为，要想准备好这样一个空盒子，并能拓展它的内部空间，孩子们需要借助大自然的力量。

无论从何种角度衡量，人类毕竟无法脱离哺乳动物这个属性。为了给这些属于哺乳动物的人类小孩们准备一个足够他们承载生存所需内容的大盒子，我们就需要磨练他们的五感，让他们充分感受大自然的生机。这样一来，即使不刻意传授他们任何知识，他们也会在大自然的引导下自然而然地茁壮成长。

此外，生物还有一个重要的生存策略，也就是我们常说的"多样性"。

自然界中有许多不同种类的花草。可即便是同一种花草，也会以不同的方式生长、伸展。正因为我们不知道在大自然中究竟何为正确、何为最优，所以才能从种类繁多的事物上发现价值。

如果大自然中只有一种花，那该多无趣啊！幸运的是，大自然中充满了色彩缤纷、形状各异的花朵。正因如此，我们生活的世界才会充满乐趣，才有着无限美好。

参考文献

[1] "草木の種子と果実" 鈴木庸夫 著、高橋冬 著、安延尚文 著（誠文堂新光社）

[2] "原色図鑑　芽ばえとたね" 浅野貞夫 著（全国農村教育協会）

[3] "子どもと一緒に覚えたい道草の名前" 稲垣栄洋 監修、加古川利彦 絵（マイルスタッフ）

[4] "子どもと一緒に見つける草花さんぽ図鑑" NPO法人自然観察大学 監修（永岡書店）

[5] "子どもに教えてあげられる散歩の草花図鑑" 岩槻秀明（大和書房）

[6] "里山さんぽ植物図鑑" 宮内泰之 著（成美堂出版）

[7] "散歩が楽しくなる雑草手帳" 稲垣栄洋 著（東京書籍）

[8] "散歩で見かける草花・雑草図鑑" 鈴木庸夫 写真、高橋冬 解説（創英社）

[9] "たのしい草花あそび" 佐伯剛正 著、川添ゆみ 絵（岩崎書店）

[10] "野花で遊ぶ図鑑" おくやまひさし 著（地球丸）

本书植物图鉴 & 索引

鬼针草（P55）
菊科
大小：高50~100cm

芒（P103）
禾本科
大小：高100~200cm

荠（P157）
十字花科
大小：高10~50cm

具芒碎米莎草（P37）
莎草科
大小：高20~60cm

狼尾草（P97）
禾本科
大小：高60~80cm

莲（P175）
莲科
大小：高10~35cm

马齿苋（P115）
马齿苋科
大小：匍匐在地
高15~30cm

牛膝（P49）
苋科
大小：高50~100cm

蒲公英（P133）
菊科
大小：高10~30cm

鼠曲草（P61）
菊科
大小：高10~30cm

王瓜（P79）
葫芦科
大小：藤蔓会伸展得很长

X	

细叶湿鼠曲草（P67）
菊科
大小：高5~30cm

Y	

鸭跖草（P91）
鸭跖草科
大小：高30~50cm

薏苡（P151）
禾本科
大小：高100~200cm

雨久花（P139）
雨久花科
大小：高20~50cm

Z	

早熟禾（P19）
禾本科
大小：高10~30cm

窄叶野豌豆（P85）
豆科
大小：高30~100cm

钻叶紫菀（P73）
菊科
大小：高50~120cm

译后记

宋刚

自然界约有27万种有花植物，大多数被子植物的花药由4个花粉囊组成……自然界有记载的昆虫有100万种以上，蜻蜓的复眼通常由2.8万到3万个小眼组成……

今天的我们习惯用一串串数字认知世界，这当然可以帮助我们一步步探究世间万物的本质。但不可否认的是，我们也在一步步数字化周遭的鲜活生命，一点点丧失感受一花一世界的闲情。蒸汽机、发电机、计算机……科技进步不仅带来了物质生活水平的快速提升，或许还加速了万物孤冷，天人分离。

这和我们小时候感受的大自然如此不同。当孩提时代的我，奔跑在河岸边的草地上，沐浴着发出新芽的柳树带来的款款清香，精心挑选几根最大的狗尾巴草编制成兔子的模样。那时候，数字的世界如此遥远，我感到自己也是大自然中的一种颜色，与世间万物相容、相融、相通。

稻垣荣洋老师的著作，是科普，也是散文；是数字，却又感人。他笔下的花草可以达意，鱼鸟可以通情。

《每个生命都重要》中，有不愿客死异乡的鲑鱼，有晚年才被赋予重任的蜜蜂，有悼亡同伴的大象，还有为后代甘愿成为盘中餐的螳螂。

《撼动世界史的植物》告诉我们，水稻如何创造了东亚文明，胡椒为何曾被欧洲人称为黑色黄金，哥伦布的苦恼之源竟是辣椒，世界最初的经济泡沫恰恰始自郁金香绽放的花苞。

读过《弱者的逆袭：38亿年生命进化史》，我们可以深刻理解，无论是强者还是弱者，只有活下去才是生存的意义，只有生存才是万物永恒的主题。

《花草也有小秘密》中，每一幅精巧的小画都像是读者心中的孩童，用或傲娇或呆萌的表情讲述着植物们的小心思——苍耳的两粒种子，因为发芽的时间不同，看上去一粒像火急火燎的哥哥，另一粒则像拖油瓶一样的弟弟；狗尾巴草有一种特殊的光合机制，可以帮助它们尽快散热，简直就像是小跑车的发动机；蒲公英的性格那么谦逊，心胸又是那么宽广，开花后便会低垂着头，把机会让给后开的弟弟和妹妹们……

在稻垣荣洋老师的自然世界中，花花草草，不只是显微镜下分子原子的组合，她们的心中也藏着无数小秘密。鸟兽鱼虫，不是笼中带来情绪价值的玩具，也不是盘中补充营养的蛋白质，它们也有生老病死，也有温度与亲情。我们妄断万物的高下之分，但其实我们和它们本没有什么不同。

"与其了解，不如感受。"蕾切尔·卡森在《万物皆奇迹》（*The Sense of Wonder*）中如是写道。对于世界的洞见，并不意味着可以忽视对于世界的感应与互通。

知者乐水，仁者乐山。

谁怜一片影，相失万重云？

花谢花飞花满天，红消香断有谁怜？

……

多少先哲墨客，留下了千古名文。借物言志，寓情于景，无疑是我国文学作品璀璨银汉中不可或缺的星辉，每一轮光晕都闪耀着天人合一、万物共生的哲思。

读过稻垣荣洋老师的著作，我们或许可以发现，孩子的考试分数，曾屏蔽掉了他们渴望蓝天的眼神；爱人的月薪，曾掩盖掉了他们渴求灵犀的叹息；父母的心电图，曾困住了我们的双眼，以至忽视了他们渐冷的泪痕。告诉孩子们，热爱万物的生命，从倾听一朵花的歌声开始，从感受一片叶的脉搏启程。

我们也是路旁不起眼的杂草中的一株，尽管可能没有生出硕大的花朵，但也不影响我们顽强地生长，乐观地对待每一次挫折。因为每一株杂草都有地球上唯一的颜色和脉络，也可以绽放出灿烂的笑容，那是我们带给这个世界最好的礼物。

著作权合同登记号：图字：01-2024-3078

图书在版编目（CIP）数据

花草也有小秘密 / (日)稻垣荣洋著 ; (日)日高直
人绘 ; 宋刚译. --北京 : 中国纺织出版社有限公司，
2024. 10. --（手绘自然图鉴）. --ISBN 978-7-5229
-1843-3

Ⅰ.Q94-49

中国国家版本馆CIP数据核字第20243PF010号

HUACAO YE YOU XIAOMIMI

责任编辑：向　隽　　特约编辑：程　凯
责任校对：高　涵　　责任印制：储志伟

中国纺织出版社有限公司出版发行
地址：北京市朝阳区百子湾东里 A407 号楼　邮政编码：100124
销售电话：010—67004422　传真：010—87155801
http://www.c-textilep.com
中国纺织出版社天猫旗舰店
官方微博 http://weibo.com/2119887771
北京华联印刷有限公司印刷　各地新华书店经销
2024 年 10 月第 1 版第 1 次印刷
开本：880×1230　1/32　印张：6.25
字数：70 千字　　定价：68.00 元

凡购本书，如有缺页、倒页、脱页，由本社图书营销中心调换